PETITE ÉCOLE

DES

ARTS ET METIERS.

Je ne reconnaîtrai pour authenti-
ques que les exemplaires portant ma
signature.

La Chasse au filet.   La Chasse au fusil.

La Pêche à la ligne.   La Pêche au filet.

PETITE ECOLE

DES

ARTS ET MÉTIERS,

Contenant des notions simples et familières sur tout ce que les Arts et Métiers offrent d'utile et de remarquable ;

Par M. JAUFFRET.

Ouvrage destiné à l'instruction de la jeunesse,

ET ORNÉ DE CENT VINGT-CINQ GRAVURES.

TOME PREMIER.

PARIS,

A LA LIBRAIRIE D'ÉDUCATION

D'Alexis EYMERY, rue Mazarine, n° 30.

1816.

PETITE ECOLE

DES

ARTS ET MÉTIERS.

EXCELLENCE DES ARTS ET MÉTIERS.

J'ai ouvert devant vous, mes chers enfans, le grand livre de la nature. Je vous ai fait admirer ce spectacle si riche, si varié que l'univers offre à nos regards. Le firmament et ses innombrables étoiles, la terre peuplée d'animaux de toute espèce, couverte d'arbres et de plantes qui vivent aussi à leur manière, les minéraux dépourvus d'organes, nous ont tour-à-tour présenté les plus étonnantes merveilles. Aujourd'hui je viens fixer votre attention sur des merveilles d'un nouveau genre, sur les diverses productions des arts. Vous allez voir l'industrie humaine rivalisant avec la nature, opérer comme elle de véritables prodiges.

Les arts sont les enfans de nos besoins. Plus le genre humain s'est multiplié, plus ils sont devenus nécessaires. La disette des fruits de la terre, l'obligation de se mettre à l'abri des injures de l'air, de se procurer une existence plus douce, ont donné l'essor au génie de l'homme. L'imitation, la curiosité, le hasard ont favorisé ses idées. Les arts de nécessité ont été inventés peu à peu, et les arts d'agrément sont venus insensiblement à leur suite.

Je dis, mes enfans, que les arts ont été inventés peu à peu. En effet leurs progrès se sont faits lentement, et il a fallu bien des siècles pour les porter au point où ils sont parvenus. Il en est qui sont pour ainsi dire encore dans leur enfance ; mais il en est aussi qui sont arrivés de nos jours au plus haut degré de gloire.

Il est étonnant, sans doute, que les services importans que les arts mécaniques ont rendus à la société, ne fassent pas estimer davantage les travaux utiles de ceux qui les exercent.

D'où vient que ceux qui ne sont pas astreints à un travail manuel ont coutume de mettre une distance infinie entre eux et les gens de métiers? Nous abordons en cérémonie un homme chargé du recouvrement de quelques droits, et à peine daignons-nous saluer un laboureur ou un jardinier à qui nous devons la jouissance des fruits de la terre. Ce désordre n'est pas nouveau. Il s'est toujours montré dans les états les plus policés , à mesure que le luxe y introduisait un faux goût de délicatesse. Celui des Scipions qui déclara la guerre à Jugurtha , briguait , étant encore jeune, la place d'édile curule ; et parcourait , suivant l'usage , le lieu de l'assemblée où se trouvaient les tribus rustiques aussi bien que celles qui résidaient à Rome. Il saluait l'un, disait un mot d'honnêteté à l'autre , et serrant les mains à un laboureur de sa connaissance , il ne put s'empêcher de plaisanter sur les durillons dont il les sentit couvertes. *Nous autres* , dit-il , *nous ne marchons que sur nos pieds. Auriez-vous pris la coutume de marcher aussi sur vos mains ?* Ce mot lui coûta cher. En un instant il passa de bouche en bouche, et arriva jusqu'aux derniers rangs. Toutes les tribus , piquées de s'entendre reprocher leur amour pour le travail , n'eurent qu'une voix pour donner l'exclusion à ce railleur que la mollesse de la ville avait rendu dédaigneux et impertinent.

Lorsque notre raison commence à éclore, on nous parle longtemps de la grammaire, des langues anciennes, des belles-lettres qui ornent l'esprit, et l'on ne nous dit rien de la beauté des arts, ni de l'industrie des métiers, qui sont le soutien de notre vie. Quand notre raison est plus avancée, on l'adresse à des maîtres qui la nourrissent des abstractions métaphysiques. Ce qu'on a le plus négligé c'est de nous apprendre à bien distinguer les productions du globe que nous habitons, les liens qui unissent tous les peuples, et les travaux dont nos semblables s'occupent.

Tous tant que nous sommes nous avons vu tourner les ailes d'un moulin à vent, et la roue d'un moulin à eau. Nous savons qu'on y écrase du

blé, ou qu'on y pulvérise des écorces ;
mais la structure nous en est inconnue, et peu s'en faut que nous ne confondions un charpentier avec un bûcheron. Nous portons tous une montre dans notre poche ; mais connaissons-nous l'artifice de la fusée sur laquelle la chaîne s'enroule ? connaissons-nous l'usage de la ligne spirale qui accompagne le balancier ? Il en est de même des métiers les plus communs. On n'en sait que le nom. Au lieu de nous assurer une raisonnable connaissance du commerce et des arts, qui font la douceur et l'ornement de la société dans laquelle nous avons à passer nos jours, nous nous occupons d'une foule de choses dont l'inutilité est souvent le moindre défaut.

Pour réparer, autant qu'il est en moi, ce tort de l'éducation ordinaire, je viens, mes chers enfans, vous donner sur les arts et métiers les notions que j'ai crues susceptibles d'être mises à votre portée.

Voici de quelle manière je diviserai l'ouvrage que je vous destine.

Je vous ferai connaître d'abord les arts qui ont pour objet la nourriture de l'homme ; et sans approfondir tous les secrets de ces arts si précieux , si nécessaires , je vous en exposerai les plus essentiels.

Je passerai ensuite aux arts qui ont pour objet notre habillement. Ils ne sont pas moins merveilleux que les précédens.

Ceux qui ont pour objet le logement et l'ameublement, ceux qui sont relatifs à l'attaque et à la défense , ceux qui concernent le transport de l'homme d'un lieu à un autre et celui des productions du commerce ; enfin les arts relatifs au perfectionnement des organes de nos sens , ou propres

à les flatter, nous fourniront tour-à-
tour des chapitres curieux et intéres-
sans. Trop heureux si cet ouvrage
peut vous être utile et mériter votre
attention !

ARTS

QUI ONT POUR OBJET

LA NOURRITURE DE L'HOMME.

Les premiers arts que l'homme a dû cultiver, mes chers enfans, sont ceux qui ont pour objet de lui procurer des alimens. Le plus pressant de nos besoins est celui de vivre. Aussi les peuples sauvages, étrangers à toutes les recherches de nos arts, sont infiniment adroits et habiles à la chasse et à la pêche. Il y a encore aujourd'hui des peuplades entières errantes aux environs de la baie d'Hudson, et dans diverses régions de l'Amérique, qui ne connaissent d'autres moyens d'existence que ceux que la chasse leur procure. D'autres hordes sauvages ne vivent que de poissons.

Les peuples, en devenant pasteurs, avaient déjà fait un grand pas vers la civilisation. Toute l'Europe étoit autrefois occupée par des nomades qui ne vivaient que de leurs troupeaux, et c'est à ce temps pastoral que l'on rapportait l'âge d'Or. Après les peuples pasteurs, sont venus les peuples agriculteurs et ensuite les peuples commerçans. Vous voyez en petit, dans cette énumération, la marche que le genre humain a suivie.

Parcourons rapidement les arts que le besoin de se nourrir a fait naître, et commençons par celui de la chasse, qui a dû être le premier de tous.

ART DE LA CHASSE.

Voici, mes enfans, un art qui existe de toute antiquité. Avant que l'homme eût soumis à ses lois les animaux domestiques, avant que son industrie eut inventé les diverses armes dont il se sert aujourd'hui dans ses différentes chasses, le besoin de se nourrir ou de se défendre lui avait fait imaginer des pièges de toute espèce, et déjà les animaux plus forts ou plus agiles que lui, tombaient journellement sous sa puissance.

La chasse, comme tous les autres arts, a sa théorie et sa pratique. Sa théorie se rattache, en quelque sorte, à l'histoire naturelle ; car elle consiste dans les observations qu'on a pu faire sur les diverses qualités physiques des

animaux dont on a voulu faire la
chasse , comme , par exemple , de
distinguer l'âge des cerfs à l'inspection
du pied , juger et démêler les traces
du sanglier et les pas du loup , distinguer le loup d'avec la louve , connaître les lieux qu'ils habitent , leurs
ruses , leurs ressources , soit pour se
cacher , soit pour fuir.

L'homme , aidé des animaux domestiques , et de quelques autres qu'il
réduisit sous son obéissance , devint
bientôt plus redoutable aux autres espèces. Pour mieux les surprendre il
étudia leur manière de vivre ; il varia
ses embûches selon la diversité de leurs
instinct ; il s'arma du dard pour percer
de près les uns ; il aiguisa sa flèche
pour atteindre de loin les autres ; il
instruisit le chien , monta le cheval ,
et fit tomber sous ses coups les bêtes
les plus féroces.

Avant la découverte de la poudre

à tirer, les anciens se servaient dans leurs chasses, comme font encore quelques sauvages, de dards, d'épieux, d'arcs, de flèches et d'arbalètes. Ce ne fut que sous le règne de François Ier que commença l'usage des armes à feu portatives : il en est parlé, pour la première fois, sous le titre d'arquebuse et d'escopette dans l'ordonnance de 1515 ; et dans celle d'Henri II, de 1548, il est encore fait mention de l'arc et de l'arbalète avec les armes à feu.

L'arc fut abandonné peu de temps après. L'arbalète, qui pousse les balles de plomb fort droit, fort vite et fort loin, fut conservée avec l'arquebuse et l'escopette, qui était une carabine de trois pieds et demi de canon. Il en est encore parlé dans l'ordonnance de 1601.

Mais enfin l'usage des armes à feu a prévalu, et depuis le commencement du règne de Louis XIII, on ne s'est plus servi que du fusil , qui est bien plus léger et plus commode que l'arquebuse , et qui porte bien plus loin que l'escopette.

En Allemagne, et dans les autres pays du nord , on chasse encore ou plutôt on combat de force et d'adresse les bêtes féroces avec l'épieu ou le couteau. On y fait de ces chasses meurtrières , où l'on abat quantité de gibier , parce qu'on ne le dompte point à la course ; mais on l'enferme dans des toiles , des filets ou des palis.

En Perse on va à la chasse des gazelles, espèce de chèvres , avec l'once , animal sauvage , tacheté comme une panthère , et qu'on a dressé à cet effet: on la conduit sur les lieux , et quand la gazelle paraît , en trois sauts elle l'attrape et l'étrangle.

L'art de la chasse peut se diviser , relativement aux animaux qu'on y emploie , en *vénerie* et en *fauconnerie*.

La *vénerie* est la chasse que l'on fait avec les chiens et les chevaux, soit des animaux carnassiers, tels que loups, renards, tigres, etc., soit des *bêtes fauves*, comme les cerfs, les biches, les daims, les chevreuils; soit enfin du *menu gibier*, comme lièvres, lapins, perdrix, bécasses, etc.

La *fauconnerie* est la chasse des rois et des princes : elle est plus de magnifience que d'utilité, surtout depuis que l'usage du fusil a rendu si faciles les moyens de giboyer. L'art de la fauconnerie consiste principalement à dresser et gouverner les oiseaux de proie destinés à cette chasse.

Il serait trop long de décrire, d'une manière détaillée, les diverses chasses, telles que celles du *cerf*, du *chevreuil*, du *loup*, du *renard* : nous nous contenterons d'en donner une légère idée.

Celle du *cerf* est sans doute la plus

brillante : elle demande un appareil royal , des hommes , des chevaux , des chiens , tous exercés , qui , par leurs mouvemens , leurs recherches et leur intelligence , doivent tous concourir au même but.

Le cerf étant poursuivi fait usage de toute la souplesse , de toute la force , de toute la légèreté que lui a donnée la nature. Aussi pour le mettre aux abois (surtout si c'est un *cerf dix-cors* , c'est-à-dire , de six ans et au-dessus), faut-il un assez grand nombre de chiens pour les relayer de temps en temps. La meute est ordinairement de cent chiens : on les divise par relais qu'on place à divers endroits de la forêt où le cerf doit passer ; car les veneurs expérimentés devinent à-peu-près la marche de l'animal.

Le piqueur doit bien accompagner ses chiens , toujours piquer à côté d'eux , toujours les animer sans trop

les presser , les aider sur le change ,
sur un retour , et pour ne pas se
méprendre , il doit tâcher de revoir
souvent les traces du cerf ; car cet
animal emploie toutes sortes de ruses.
Il passe et repasse à plusieurs reprises
sur ses pas pour donner le change ; il
tâche de se faire accompagner d'autres
bêtes , et alors il perce et s'éloigne
tout de suite , ou bien il se jette à
l'écart, se cache, et reste sur le ventre.

Lorsqu'on est en défaut , ou qu'on
a perdu les voies du cerf, les piqueurs
et les chiens travaillent de concert à
les retrouver. Si l'on ne réussit pas ,
on juge qu'il s'est caché quelque part
dans l'enceinte , dont on fait le tour.
Les chiens parcourent toute cette enceinte , et lorsqu'ils le rencontrent il
le font partir de nouveau , et le pour-
suivent avec d'autant plus d'ardeur
que l'animal est fatigué , et qu'il s'é-
chappe de son corps échauffé des cor-

puscules odorans , qui rendent le flair
des chiens plus vif et plus sûr. Enfin ,
l'animal, excédé de fatigue , ne peut
plus fuir que faiblement. Il perd toutes
ses forces , et tâche quelquefois de se
jeter à l'eau pour dérober sa trace aux
chiens ; mais ils passent l'eau à la
nage.

Le cerf qui a une fois battu l'eau
ne peut presque plus courir : ses jam-
bes deviennent roides, et il est bientôt
assailli par les chiens , dont les plus
ardens sont quelquefois tués à coups
d'andouillers. Mais un piqueur vient
lui couper le jarret pour le faire tomber à terre , et l'achève en lui don-
nant un coup de couteau au défaut
de l'épaule. On célèbre aussitôt la
mort du cerf par des fanfares , et l'on
fait la curée aux chiens pour les faire
jouir pleinement de leur victoire.

La chasse du *chevreuil* n'a pas moins
d'agrément que celle du cerf. Cet ani-

mal est à la vérité plus petit , mais il est plus gai , plus léger ; il est aussi rusé que le cerf , et fait des circuits plus grands.

La chasse des *sangliers* est extrêmement pénible. Ces animaux cherchent toujours les lieux les plus boisés de la forêt ; et ce n'est qu'à force de mouvement et de cris qu'on peut soutenir l'ardeur des chiens qui se ralentit souvent , surtout lorsqu'ils ont affaire à de gros sangliers , qui , tenant ferme , deviennent redoutables pour eux.

Le *renard* est un animal fin , rusé , qui fait un grand dégât de gibier dans les endroits qu'il fréquente , qui mange les œufs de perdrix , les levrauts et les lapereaux , et qui vient même enlever les poules jusque dans les poulailliers : sa chasse est nécessaire et amusante , sans être difficile.

On va reconnaître d'abord les terriers du renard , car il habite sous terre comme le *lapin* ; ensuite on bouche les terriers de grand matin , et l'on se met en chasse. On place les chasseurs , les uns derrière les buissons , les autres sur des arbres ; d'autres se mettent en embuscade à une portée de fusil des terriers : c'est là que doivent se tenir les meilleurs tireurs. Ceux-ci seront sûrs de voir les renards ; car ces animaux , poursuivis par les chiens qu'on a lâchés pour les faire lever , courent au plus vite à leurs terriers ; mais ils sont tués par les chasseurs placés en embuscade.

On prend aussi les *renards* , les *loups* , et d'autres animaux au traquenard et à d'autres piéges qu'il serait trop long de décrire , et dont la seule nomenclature formerait un chapitre interminable.

Une chasse qui peut , mes enfans , vous procurer des plaisirs convenables à votre âge , est celle que l'on fait aux petits oiseaux avec des *filets* , des *appeaux* , des *gluaux* , des *tré-buchets* , et d'autres piéges que vous pouvez tendre vous - mêmes , sans craindre de vous blesser.

Parmi les filets de chasse , vous devez remarquer les *nappes* qui servent à prendre les alouettes au miroir, et les ortolans. Ce sont deux longs pans de filets quadrangulaires , et à peu près égaux. On les tend bien roides avec des piquets , en laissant entre les nappes autant d'espace qu'elles en peuvent couvrir , en se refermant, comme les deux battans d'une porte. Ce mouvement s'opère au moyen de deux cordes attachées au bout des battans , lesquelles viennent se réunir en une , et sont tirées par un homme qui se tient caché dans une loge un peu éloignée , d'où il ferme les nappes quand il voit des oiseaux à portée d'y être enveloppés. On attire les alouettes en mettant quelques oiseaux de la même espèce, attachés par le pied, et qui voltigent entre les deux nappes. On se sert aussi, pour les appeler, d'un miroir ou morceau de verre monté sur un pivot que le même homme fait tourner avec une ficelle qui répond aussi à sa loge. Cette chasse est d'autant plus amusante, qu'on a le plaisir de prendre les oiseaux vivans.

Les *collets*, *lacs* ou *lacets*, sont de petits filets de corde ou de crin qu'on tend dans les haies, sillons, rigoles ou passages étroits, avec un nœud coulant, dans lequel se prennent, en y passant, les perdrix, alouettes, becasses, becassines et autre gibier.

Les *fossettes* sont les piéges les plus connus des enfans et des bergers.

Mais de toutes les petites chasses, la plus agréable est la *pipée*, qui

mériterait une description particulière , si elle était moins connue. La
pipée est une véritable expédition
contre les oiseaux de tout chant et de
tout plumage. Caché dans une cabane
de feuillages pratiquée au pied d'un
arbre préparé exprès pour recevoir de
petits rameaux enduits de glu , le
pipeur attire les oiseaux de tout le
voisinage, en contrefaisant la chouette
ou le hibou. La *glu* est de deux espèces , l'une d'écorce de houx , qui est
la meilleure , l'autre d'écorce de gui ,
qui vient par gros bouquets verts sur
les arbres. On en trouve chez les dro-
guistes.

Il y a bien des choses à dire sur
l'éducation des chiens de chasse , et
sur les diverses manières dont il faut
s'y prendre pour les dresser. Ces animaux ont naturellement de l'ardeur,
mais les instructions qu'on leur donne

contribuent infiniment à les rendre dociles et obéissans au geste et à la voix.

Je pourrais aussi vous parler des moyens qu'on emploie pour instruire les oiseaux de proie , tels que les faucons , à rapporter les gibiers qu'ils attrapent ; mais ces détails nous meneraient trop loin.

ART DE LA PÊCHE.

La pêche , comme tous les arts , n'a eu que de faibles commencemens. Les sauvages qui habitent les côtes de la nouvelle Zélande , vont à la recherche des coquillages , et plongent avec adresse et légèreté dans les flots pour atteindre les poissons cachés dans le creux des rochers.

Parmi nous les pêcheurs vont à la

recherche des coquillages de mer de cinq manières différentes ; savoir : à la main , au rateau , à la drague , au filet , et en plongeant.

Quand la mer se retire on marche sur la grève , et l'on prend les moules et les huîtres à la main ; quand les *huîtrières* et les *moulières* ne se découvrent pas , on prend des rateaux , et l'on se sert de la *drague*. Il y en a qui foulent le sable avec les pieds pour faire sortir les coquillages qui s'ensablent après le reflux.

La *drague* est un instrument de fer , qui a ordinairement quatre pieds de long sur dix-huit pouces de large , avec deux traverses. Celle d'en bas est faite en biseau pour mordre sur le fond , et en enlever l'huître attachée au rocher. Elle porte ou traîne avec soi un sac fait de réseau de cordages. On descend la drague, dans la mer , avec des cordes proportionnées à la profondeur de

l'eau , et l'on pêche ainsi les coquillages dans la *drague.*

On fait usage du *rateau* pour prendre
les moules. C'est un instrument de fer
garni de dents longues et creuses , em-
manché de perches proportionnées à
la profondeur du fond où l'on pêche.

Vous savez , mes enfans , qu'il y
a des pêcheurs qui s'attachent à la
pêche des poissons d'eau douce , et
d'autres qui s'attachent à celle des
poissons de mer.

Les pêcheurs ont diverses sortes de
filets qu'ils sont dans l'usage de faire
eux-mêmes , tels que les *seines* , les
tramails , les *nasses* , les *éperviers* , etc.:
ils emploient ces diverses sortes de
filets , suivant les différentes espèces
de poissons qu'ils veulent pêcher , et
selon la nature du terrain où ils pê-
chent.

La *seine* est un grand filet terminé
par une espèce de sac. Ce filet est garni ,

à son ouverture , de bouchons de liége par le haut pour le faire surnager, et de morceaux de plomb par le bas pour le faire traîner au fond de l'eau. Pour faire usage de ce filet sur la rivière , le pêcheur se met dans un bateau ; il attache un bout de la seine , au bord de l'eau , à un piquet , et fait , avec le bateau , un circuit qui embrasse de la largeur de la rivière autant que le filet le permet. Le pêcheur revient ensuite rejoindre le piquet , et il prend ainsi le poisson qui se rencontre dans cet espace.

L'*épervier* est une autre sorte de filet dont le bas est garni de plomb : le pêcheur le porte sous son bras , monte sur la tête de son bateau , et le lance dans la rivière , à un endroit où il a mis des amorces. Les plombs tombent au fond de l'eau , et forment , en tombant , un ceintre sous lequel se trouve pris le poisson qui était à la place sur laquelle on a lancé l'épervier.

Quant à ce qui regarde la *pêche à la ligne*, vous la connaissez, et vous la regardez sans doute comme un des plus agréables passe-temps que l'on puisse prendre à la campagne. Cette pêche est aisée à exercer pour peu qu'on ait de la patience; et elle paraît plus amusante que la chasse à ceux qui n'aiment ni les plaisirs bruyans, ni les grandes fatigues.

Le silence est de rigueur quand on veut faire une bonne pêche. Le poisson a l'ouïe très-subtile, et l'œil très-perçant; il est curieux. Tout ce qui lui paraît extraordinaire l'attire; il s'en approche, et ne cesse point de nager tout autour qu'il n'ait reconnu ce que c'est. Il court au moindre bruit; mais si ce bruit est un peu fort, il s'en méfie et prend la fuite. Il faut aussi beaucoup d'adresse pour pêcher. Le poisson est rusé ; et si l'on ne sait le tromper, on ne tient rien.

La pêche des poissons de mer fait un objet de commerce très-important. Disons un mot de la pêche du *saumon*, de celle du *hareng* et de celle de la *baleine*.

Le *saumon* est un poisson fort connu, qui appartient en quelque sorte aux rivières et à la mer. On le prend de diverses manières. Il y a des endroits où on le pêche aux flambeaux ; la lumière l'attire, et on le tue à coups de fourches à l'époque de l'année où les saumons marchent en grandes troupes, parce qu'ils suivent les femelles à l'envi les uns des autres. La pêche s'en fait très-facilement. On enfonce un double rang de pieux tout près les uns des autres, lesquels traversent la rivière et forment une espèce de cul-de-sac qui va en se retrécissant. On place au milieu de ces pieux, en montant la rivière, un coffre fait en forme de grillage qui a quinze pieds sur chaque face. Le courant de la rivière, par la disposition des pieux, s'y porte de lui-même. Au milieu de ce coffre, et presque à fleur d'eau, est un trou de dix-huit ou vingt pouces, environné de lames de fer blanc, disposées comme le grillage de certaines souricières. Le saumon, conduit par le courant vers le coffre, y entre sans peine. Les mâles suivent les femelles ; mais ils ne peuvent plus ressortir, et même ils entrent d'eux-mêmes dans un reservoir, d'où les pêcheurs les retirent par le moyen d'un filet.

La *pêche du hareng* est d'une haute importance. Tous les ans des troupes immenses de harengs partent des contrées du nord, de dessous des mers glacées, et se répandent sur différentes côtes, où ces poissons sont

attirés par des vers ou d'autres insectes
qu'ils y trouvent. C'est vers le commencement de l'année que la grande
colonne de harengs sort du nord.

Plusieurs nations équipent des
vaisseaux, et vont les attendre à leurs
différens passages. On les pêche le plus
ordinairement la nuit, parce qu'on
reconnaît mieux le fil du banc des
harengs, que l'on distingue claire-
ment par le brillant de leurs yeux et
de leurs écailles. On a soin aussi d'at-
tirer les poissons par la clarté des lan-
ternes, qui, en les éblouissant, les
empêchent de discerner les filets.

La *pêche de la baleine* est, de
toutes les pêches, la plus difficile et
la plus périlleuse. Lorsque le bâtiment est arrivé dans le lieu où se fait
la pêche des baleines, un matelot,
placé en vedette, avertit aussitôt qu'il
en aperçoit une ; les chaloupes partent
à l'instant. Le plus hardi et le plus vi-

goureux pêcheur , armé d'un harpon
de cinq ou six pieds de long , se place
sur le devant de la chaloupe , et lance
avec adresse le harpon sur la partie
la plus sensible de la baleine. Le harponneur court de grands risques , car
la baleine , après avoir été blessée ,
donne de furieux coups de queue et
de nageoires , qui tuent souvent le
harponneur et renversent la chaloupe.
Lorsque le harpon a bien pris , on file
la corde à laquelle il tient , et la chaloupe suit. Quand la baleine vient sur
l'eau pour respirer , on tâche d'achever de la tuer ; elle perd son sang et
ses forces. Le bâtiment toujours à la
voile s'approche , et lorsque la baleine est morte on l'attache aux
côtés du navire. Alors des ouvriers ,
qu'on nomme *charpentiers* , descendent dessus avec des bottes garnies
aux semelles de crampons de fer, afin
de ne pas glisser. Ils enlèvent le lard

de la baleine , et le portent dans le bâtiment pour le faire fondre. L'huile de baleine sert à faire du savon , avec lequel on prépare les laines, les cuirs , etc. Les fanons sont d'un grand usage pour faire des buscs , des parasols , et mille autres sortes d'ouvrages.

L'art de la pêche s'est tellement perfectionné , que des pêcheurs vont arracher , du fond des mers, *les perles et le corail,* qui ne sont que des objets de luxe. La *pêche des perles* se fait par des plongeurs. Ils se mettent du coton dans les oreilles et des pincettes au nez pour empêcher que l'eau n'y entre ; ensuite on leur lie sous les bras une corde dont les rameurs , qui sont dans les barques , tiennent le bout. Les plongeurs s'attachent au gros doigt du pied une pierre d'environ vingt livres pesant, dont la corde est retenue par les mêmes hommes. Ils descendent au fond de la mer , où

la pesanteur de la pierre les entraîne ;
alors ils détachent la pierre et rem-
plissent leurs paniers, ou sacs à re-
seaux, des huîtres qui donnent les
perles. Quand le plongeur manque
d'haleine, il en donne le signal en
tirant la corde qui est liée sous ses
bras ; à l'instant on le remonte le plus
vite qu'on peut, et l'on retire ensuite
les retz remplis de coquilles. Ce ma-
nége peut durer environ un demi-quart-
d'heure, tant à tirer le réseau qu'à donner au plongeur le temps de se reposer
et de reprendre haleine. Il retourne
ensuite, avec les mêmes précautions,
au fond de la mer. Cette pêche dure
sept à huit heures, pendant lesquelles
il plonge une cinquantaine de fois.

La Laitière.

Le Jardinier.

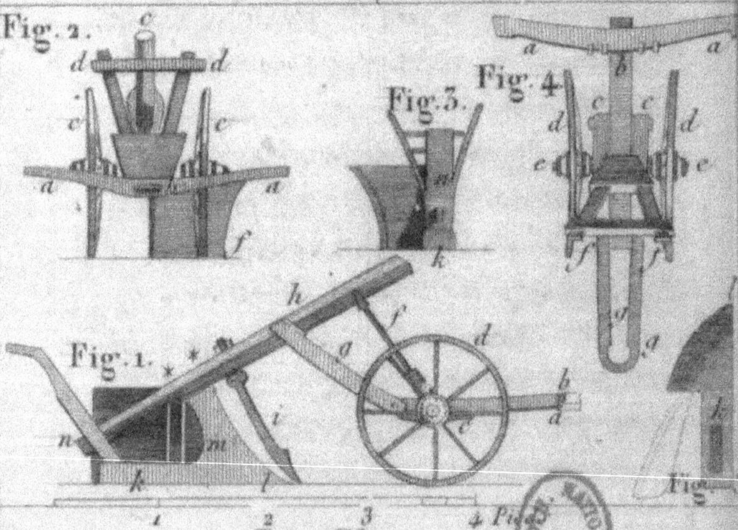

ART DE LA LAITIÈRE.

Je vous ai dit, mes enfans, qu'il y a encore beaucoup de peuples pasteurs qui font leur principal aliment du laitage. Cette nourriture est fort salutaire ; c'est une de celles que l'homme peut se procurer avec le plus de facilité. Voyons de quelle manière l'art a pu la varier, et donnons une légère idée de la préparation du *beurre*, de la *crême* et du *fromage*.

L'art de la laitière est aussi simple que les instrumens qu'on y emploie ; mais il exige une extrême propreté. Malgré cette simplicité, les anciens ont ignoré longtemps, à ce qu'il paraît, la manière de faire le beurre. En Barbarie, la méthode usitée pour cette opération, est de mettre le lait ou la crême dans une peau de bouc attachée à une corde tendue, et de le battre des deux côtés uniformément. Ce mouvement occasionne une prompte séparation des parties buty-reuses d'avec les parties séreuses.

Chez nous, la laitière, après avoir trait le lait de vache, en comprimant leur pis entre ses doigts, reçoit ce lait dans un seau bien propre, et le porte à la laiterie dans de grandes jarres, ou dans des terrines de grès. La laiterie doit être située dans un endroit bien frais, et qui ne soit point exposé au soleil. Dans les grandes chaleurs, on y jette de l'eau pour la tenir plus fraîche. Tous les passages et autres ouvertures sont interdits aux chats et autres animaux; il y règne tout autour une banquette de pierre à hauteur d'appui, sur laquelle on range toutes les jarres. Le mieux est qu'il

y ait, dans la longueur de ces ban-
quettes, des rainures qui conduisént
dans les cuviers la liqueur séreuse qui
découle des fromages.

La laitière met tout le lait qu'elle
a trait dans ces vases de grès. Lorsqu'il est refroidi et reposé, la crème
surnage; pour lors elle l'enlève successivement de toutes les jarres avec
une large coquille bien propre, et la
met dans un pot jusqu'à ce qu'elle en
ait réuni une assez grande quantité,
et qu'elle l'emploie. Lorsqu'elle veut
faire le beurre, elle jette la crème
dans la *baratte*, qui est un vaisseau
de bois, fait de douves, plus étroit
par en haut que par en bas, dans
lequel on bat la crème pour en tirer
le beurre.

L'ouverture de la *baratte* se couvre
avec une sébile trouée qui s'y em-
boîte, et par le trou de laquelle passe
un long bâton qui sert de manche au

bat-beurre. Cette sébile trouée empêche la crême de sauter en l'air lorsqu'on la bat.

Le *bat-beurre* est une plaque de bois, ronde, épaisse d'environ un pouce, percée de plusieurs trous, emmanchée à plat au bout d'un long bâton. Les trous servent à donner passage au *lait de beurre*, c'est-à-dire, aux parties séreuses qui s'échappent d'entre les parties butyreuses ou huileuses qui se réunissent pour former le beurre, lorsqu'on bat la crême en haussant et baissant le *bat-beurre*.

On retire assez ordinairement de dix livres de crême trois livres de beurre. Le trop grand froid ou la trop grande chaleur l'empêchent également de prendre. Dans le premier cas, il faut le battre assez près du feu; et dans le second, il faut mettre de temps en temps la *baratte* dans de l'eau fraîche. Le meilleur beurre, et le plus estimé, est celui qui est jaune naturellement.

Lorsque la laitière veut préparer des *crêmes fouettées*, elle prend de la crême bien douce, y met du sucre en poudre, une pincée de gomme adragant pulvérisée, un peu d'eau de fleur d'orange, et elle fouette ensuite la crême avec une poignée de petits osiers blancs. L'air s'interpose entre la crême agitée, et la réduit en une masse très-légère que l'on dispose en pyramide.

La laitière prépare aussi les *fromages*. Elle en fait de deux espèces, les uns qui sont écrêmés, et d'autres qui ne le sont pas. Elle fait ceux qui sont écrêmés avec la partie séreuse qui reste après que le lait a été écrêmé pour faire du beurre. Mais lorsqu'elle veut faire ces *fromages à la crême* si délicats, qu'on sert sur les meilleures tables, elle prend autant de lait que de crême ; elle délaie dans deux cuillerées de lait, gros comme une fève de *présure* (qui est un lait caillé et acide qu'on trouve dans l'estomac du veau), et la met avec le lait et la crême ; elle passe le tout à travers un tamis de crin dans une terrine, lui laisse prendre forme, et le met ensuite, avec une cuiller, dans de petits paniers d'osier, ou moules de fer-blanc, pour les faire égoutter ; elle verse ensuite par-dessus ce fromage de la crême douce, dans laquelle elle a fait fondre du sucre en poudre.

Le fromage fait un objet de commerce considérable dans plusieurs contrées de l'Europe, et même en France, où la consommation en est assez grande.

Il y a tant de sortes de *fromages*, et sous des noms si différens, qu'il serait assez difficile de les pouvoir détailler toutes.

Disons cependant un mot de quelques espèces remarquables.

Vous savez que de tous les fromages qui se font en France, celui de *Roquefort* est un des plus renommés. Ce fromage se fait de lait de brebis, auquel on ajoute quelquefois un peu de lait de chèvre pour le rendre plus délicat. Les brebis qui fournissent le lait, paissent sur le Larzac et dans quelques lieux voisins, comme sont le canton de Caussenègre dans le Gévaudan, et quelques pâturages du diocèse de Lodève. Cet espace de terrain est situé sur les frontières du Languedoc et du Rouergue.

Les caves dans lesquelles on prépare le fromage sont pratiquées dans un rocher. La nature a eu plus de

part à leur construction que l'art :
on n'a fait que les agrandir pour les
rendre plus commodes. Parmi ces
caves, qui sont aujourd'hui au nombre de vingt-six, les unes sont entièrement logées dans le rocher, et
les autres n'y sont qu'en partie. Elles
sont garnies de tablettes d'environ
quatre pieds de largeur, et à trois
pieds de distance l'une de l'autre. Il
règne dans ces caves une fraîcheur
occasionnée surtout par des fentes,
d'où sort un vent froid et assez fort
pour éteindre une chandelle qu'on
approche de l'ouverture, mais qui
perd sa force et sa rapidité à trois
pieds de sa sortie.

Dès que les fromages sont faits,
on les porte dans les caves de Roquefort, où, après les avoir salés, on
les met en pile les uns sur les autres,
jusqu'au nombre de huit ou de douze.
On les laisse dans cet état l'espace de

quinze jours, au bout duquel temps, ou même plutôt, on aperçoit sur la surface une mousse blanche fort épaisse, de la longueur d'un demi-pied, et une efflorescence en forme de grains qui ressemblent assez, par la couleur et la figure, à de petites perles. On racle de nouveau les fromages, pour emporter cette mousse et cette efflorescence, et on les range sur les tablettes qui sont dans les caves. Ces procédés se renouvellent tous les quinze jours, et même plus souvent, pendant l'espace de deux mois. La mousse, pendant ce temps, paraît successivement blanche, verdâtre, rougeâtre ; enfin les fromages acquièrent cette écorce rougeâtre que nous leur voyons. Ils sont alors assez mûrs pour être transportés aux lieux où ils se débitent. Avant d'arriver à ce point de maturité, ils essuyent dans les différentes opérations plu-

sieurs déchets ; de façon que cent
livres de lait ne produisent ordinairement que vingt livres de fromage.
Lorsqu'on les retire des caves, on
paie une rétribution aux propriétaires
pour les dédommager de leurs soins
et du sel qu'ils ont employé.

On dit qu'il sort tous les ans des
caves de Roquefort environ six mille
quintaux de fromage ; aussi les ha-
bitans du pays trouvent-ils dans cette
fabrique une ressource assurée. Ils en
font leur principale occupation.

Les fromages de *Gruyère*, bourg
du canton de Fribourg, en Suisse, se
font entièrement de lait de vache.

Il y a dans toutes les montagnes
de Gruyère plusieurs bâtimens bas
uniquement destinés à la fabrique du
fromage. Chacun de ces bâtimens,
qu'on nomme un *challet*, est composé d'une grande étable pour traire
les vaches, d'un lieu particulier pour

fabriquer le fromage, et d'une chambre propre à le recevoir pour le saler lorsqu'il est fabriqué; le tout au rez-de-chaussée.

Les fromages de Gruyère s'envoient dans des tonneaux, par *meules* ou *pains*, qu'on appelle aussi *pièces*. Ces pains sont du poids depuis trente-cinq jusqu'à soixante livres.

En Franche-Comté, en Lorraine, en Savoie et en Dauphiné, l'on contrefait les fromages de Gruyère; mais ces sortes de fromages contrefaits, quoique pour l'ordinaire fabriqués par des Suisses mêmes, ne se trouvent jamais si bons que ceux de Gruyère et de Berne, ce qui vient sans doute de la différence des pâturages.

ART DU JARDINIER.

L'AGRICULTURE, mes enfans, est le premier et le plus noble de tous les arts. C'est celui qui manifeste le plus la prééminence de l'homme, et qui le sépare le plus de tous les autres animaux. Dans l'art de la chasse et dans celui de la pêche, il a des rivaux innombrables. Vous savez que la plupart des quadrupèdes, des oiseaux, des cétacés, des poissons, excellent dans ces deux arts; mais l'homme seul cultive la terre, et sème pour recueillir.

L'homme a dû s'occuper de soigner un petit jardin autour de sa demeure, avant de penser à exploiter en grand les terres environnantes. L'art du jar-

dinage, d'abord grossier et informe,
s'est perfectionné à l'école de l'expérience ; et pour en avoir une idée juste,
il faut le prendre au point de perfection où il est parvenu dans les temps
modernes.

Le jardinier est proprement celui
qui cultive les plantes qu'on a réunies dans un jardin ou dans un en-
clos. Son travail s'étend aux arbres, aux fleurs, aux plantes po-
tagères. Dans l'origine tout jardinier
était fruitier, fleuriste, pépiniériste,
botaniste et maraîcher. Aujourd'hui
dans les environs des grandes villes,
les uns s'attachent spécialement à la
culture des légumes, et sont nom-
més *maraîchers* ; les autres à la culture des fleurs, et portent le nom de
jardiniers fleuristes; les autres à celle
des arbres, et sont appelés par cette
raison *jardiniers marchands d'arbres*
ou *pépiniéristes.*

Le *jardinier* reçoit du marchand d'arbres ceux qu'il plante et dont la forme est déjà commencée ; mais c'est à lui à les tailler avec art pour leur faire faire de belles palissades. C'est à lui à former les bosquets, les berceaux, à cintrer les branches encore jeunes, à tailler les charmilles au croissant, pour qu'elles ne présentent à l'œil qu'un beau tapis de verdure. C'est à lui à former et entretenir ces arbres qui représentent de superbes portiques. La taille des arbres fruitiers est aussi un de ses ouvrages. Il a soin de les abriter dans les froids de l'hiver, de les garantir des gelées tardives quand ils sont en fleur.

En un mot, mes enfans, le jardinier fait pour ses plantes et ses arbres ce que le maître intelligent fait pour l'éducation de ses élèves. Il seconde ce qui est bien, il élague ce qui est mal.

La manière de cultiver les arbres fruitiers, pour leur faire rapporter abondamment du fruit, se réduisit dans les premiers temps à les émonder, à les tailler, à les fumer ; mais cette pratique ne suffit pas pour leur faire porter des fruits doux, sains et agréables. Ce secret dépend d'une opération beaucoup plus difficile et bien plus recherchée ; je veux dire de la *greffe*, découverte qui peut être mise hardiment au nombre de celles qui sont entièrement dues au hasard.

Pour que les greffes puissent se réunir il est essentiel que le *sujet* ou le *sauvageon* soit d'une nature un peu analogue à la greffe qu'on y applique. Aussi ne voit-on réussir que les greffes de pepins sur pepins, et de noyaux sur noyaux. En vain travaillerait-on à vouloir greffer les uns sur les autres des arbres dont la sève se met en mouvement dans des temps différens.

L'art est parvenu à découvrir plusieurs espèces de greffes, au moyen desquelles on peut greffer les arbres pendant toutes les saisons de l'année.

Quand vous serez à la campagne, mes enfans, allez visiter un jardinier et demandez-lui de vous faire connaître ces diverses sortes de greffes, la *greffe en fente*, la *greffe à emporte-pièce*, la *greffe en flûte*, la *greffe à écusson*, qui se subdivise en *greffe à la pousse* et en *greffe à œil dormant*; une petite leçon de sa part vous sera plus profitable que les descriptions les plus étendues. Le jardinier vous la donnera avec plaisir; car la greffe est ce qu'il y a de plus ingénieux dans le jardinage. C'est le triomphe de l'art sur la nature. Par son secours on relève la qualité des fruits, on en perfectionne le coloris, on leur donne plus de grosseur, on en avance la maturité, on les rend plus abondans.

Le *jardinier-fleuriste* s'occupe spécialement de la culture des fleurs, ainsi que de celle des arbustes à fleurs et à fruits. Cette culture demande un terrain convenable, une parfaite connaissance des terres propres à recevoir par plant ou semis, toutes sortes de fleurs, des lumières sur leur nature et leur caractère, un travail assidu et des expériences répétées.

Le jardinier-fleuriste élève les fleurs ou dans des terres sur des couches, ou en planche, ou dans des pots. Il a grand soin d'avoir toujours d'excellente terre mélangée, meuble, légère, très-favorable à la végétation, et dont il varie le mélange suivant la nature des fleurs. La manière la plus ordinaire dont il prépare ses terres, est de prendre un tiers de bonne terre neuve, un tiers de vieux terreau et un tiers de bonne terre dé jardin. Il prend cette terre mélangée , et la jette sur une claie , au travers de laquelle toute la terre bien meuble passe facilement. Celle qui ne l'est pas , ainsi que toutes les petites pierres , retombent au bas de la claie.

C'est avec cette terre si fine , si meuble, qu'il garnit les planches où il se propose de semer ses graines et de planter ses oignons. Il multiplie les fleurs de diverses façons. Lorsqu'elles sont à oignon , comme les jacinthes , les tulipes , il en détache des *caïeux* qui sont autant de petits oignons qui, remis en planche, y acquièrent de la nourriture, de la force, et au bout de deux ans , donnent des fleurs tout-à-fait semblables à celles qui sont produites par les oignons dont il les a détachés. Si ce sont des fleurs à racines ou à greffes, il les éclate et les détache ; telles sont

les renoncules ; d'autres fleurs, telles
que les œillets, se multiplient par
les *boutures*, par les *marcottes*, opération semblable à celle dont fait
usage le *jardinier marchand d'arbres*
pour multiplier certains plants.

Les fleuristes, par leurs soins et
par leur art, sont parvenus à multiplier en Europe les fleurs les plus
belles et les plus estimées, qui presque toutes, comme les *tulipes*, les
renoncules, les *anémones*, les *tubé-
reuses*, les *jacinthes*, les *narcisses*,
les *lis*, etc., viennent originairement
du Levant.

L'intérêt des fleuristes est de se
procurer des espèces nouvelles, et ils
y parviennent en semant. Cette méthode est à la vérité fort longue. Il
faut attendre plusieurs années pour
voir paroître les fleurs ; mais quel
plaisir et quel profit pour eux, lorsque parmi ce nombre prodigieux de

plantes qu'ils ont élevées, il se trouve quelque espèce nouvelle qui attire les yeux des amateurs par la noblesse de son port, par la richesse et par la beauté de ses rares couleurs ! Le fleuriste s'attache alors avec soin à la multiplier de toutes les manières possibles ; c'est surtout pour ces fleurs qu'il redouble de soins et de vigilance. Il en laboure légèrement la terre pour ôter les mauvaises herbes ; il les visite pour tuer les insectes ; il les met à l'abri sous des paillassons ou sous des toiles en forme de tentes, soutenues par des cerceaux. Il en soutient les tiges avec de petites baguettes coloriées en vert ; il en arrose le pied avec des arrosoirs à bec, afin de ne point détruire et gâter la fleur par une pluie trop abondante.

Le fleuriste aide la nature dans sa marche ; il la voit s'embellir par ses soins et nous procure un renouvelle-

ment perpétuel de fleurs qui se suc-
cèdent les unes aux autres , et qui
nous ravissent par leurs odeurs ou
par leurs couleurs.

Celui qui peut se procurer pendant
l'hiver , lorsque toute la nature est
attristée , les fleurs du printemps ,
retire ses dépenses avec usure. Il y
parvient par le moyen des *serres chaudes* , dans lesquelles il conserve les
plantes des climats chauds de l'A-
sie , de l'Afrique et de l'Amérique ,
qu'il élève pour les curieux. Sa *serre*
lorsqu'elle est bien située et bien
faite , est tournée toute entière au
midi , et formée en demi - cercle
pour concentrer la chaleur du soleil
depuis le matin jusqu'au soir. Les
murailles en sont épaisses , pour empêcher le froid d'y pénétrer , et bien
blanchies par dedans pour mieux ré-
fléchir la lumière qui colore et anime
les plantes. Elle est peu élevée , afin

qu'elle n'ait pas un trop grand vo-
lume d'air à échauffer, et étroite afin
que le soleil frappe aisément la mu-
raille du fond. Tout le côté du midi
est en vitrages, garnis de forts ri-
deaux, et presque sans aucun tru-
meau s'il est possible, pour tenir
tout également fermé, et également
exposé au soleil sans aucune ombre.
Pour faire régner dans cette serre une
chaleur égale, il y a des tuyaux de
poêle qui sont couchés par dedans le
long des murs; mais les poêles sont
servis en dehors, et pratiqués dans
l'épaisseur de la maçonnerie, ensorte
que ni le feu, ni les étincelles, ni la
fumée n'aient aucun accès par dedans.
Il doit régner dans cette serre une
température d'air qui approche beaucoup de la douceur des beaux jours
d'été.

L'oranger, cet arbre si beau, qui
est couvert en même temps, dans

toutes sortes de saisons, de boutons, de fleurs et de fruits, est tellement recherché, que les jardiniers-fleuristes s'occupent principalement à en élever. Ils font venir de Gênes ou de Provence, tous les ans, de jeunes orangers, ou bien ils sèment en mars, sur une couche, des pepins de bigarades, c'est-à-dire d'oranges amères et sauvages, qui à l'aide d'un chassis vitré dont ils recouvrent la couche, monte de près de deux pieds dès la première année. A la seconde année ils les mettent dans des pots et les greffent.

ART DU LABOUREUR.

Quel art admirable que celui de la culture des terres, mes chers enfans! Cet art est sans contredit le premier, le plus utile, le plus étendu et le plus essentiel de tous. On peut appeler l'agriculture l'*art nourricier du genre humain.*

Le goût de l'agriculture est de tous les temps, de tous les âges, de tous les pays et de tous les états, depuis la houlette jusqu'au sceptre. On achète des terres; on se donne des maisons de campagne; on se fait des jardins jusque dans les cours des maisons des villes, sur des terrasses, même sur des balcons et sur des fenêtres. Moins ils sont dignes d'attention, plus ils sont de vifs et de forts argumens de l'inclination secrète qui est restée dans le fond de nos cœurs pour notre première vocation.

Les hommes les plus illustres de l'antiquité firent de cet art leur occupation favorite. La culture des champs fut le premier objet de la législation de tout état policé. Elle fut en honneur dans les plus beaux jours de la Grèce et de Rome. Pline dit, dans son histoire naturelle, que les champs étaient cultivés par les mains mêmes des généraux romains ; qu'il semblait que la terre se plaisait à se voir labourrée par des guerriers qui avaient remporté les honneurs du triomphe.

Dans les commencemens, les outils dont on se servait pour sillonner la terre devaient être bien peu commodes ; et les premiers hommes auraient vécu bien frugalement, si la nécessité, qui nous rend industrieux, n'eût insensiblement perfectionné l'agriculture.

On inventa peu à peu les instrumens propres à défricher et à labourer la terre. Chaque pays, chaque climat a ses outils aratoires particuliers. La charrue grecque était fort simple. Celle qu'on emploie en France, dans les provinces du midi, a quelque ressemblance avec elle ; mais comme les terres sont moins légères dans les environs de Paris, on y fait usage d'une charrue plus forte et plus compliquée. C'est de celle-ci que je vais vous donner la figure et la description.

La Charrue des environs de Paris.

Fig. 1. La charrue vue de côté.

a L'épars où l'on attache les chevaux.

b Le têtard ou le timon, qui est traversé par l'essieu.

c Les échantignoles : ce sont deux petites pièces de bois pareillement traversées par l'essieu , et posées de part et d'autre du têtard pour le fortifier. *Voyez c c, fig. 4.*

d Les roues. Le profil n'en montre qu'une.

e Le bout de l'essieu qui traverse le têtard et les moyeux des roues.

f La sellette appuyée sur le têtard vers l'essieu. Elle est composée de deux montans qu'on nomme épée, et d'une traverse qui soutient le haut de la haie. Le profil cache ici un montant derrière l'autre. *Voyez d, fig. 2.*

g Le chignon, pièce de bois coudée et formant deux bras. Le coude embrasse la haie. Les deux bras viennent s'attacher aux deux côtés du têtard avec deux chevilles de fer. Le coude peut être arrêté à différens points de la haie par un bouton et une rondelle de fer. *Voyez g, fig. 4.*

h La haie, longue pièce de bois appuyée sur la sellette *f*, embrassée par le chignon *g* ; soutenant le coutre *i*, emmanchée dans l'étançon *n*, et appuyée sur le cep *k*, par deux chevilles intermédiaires * *.

i Le coutre, monté sur la haie.

k Le cep, pièce plate qui soutient tout le train de derrière.

l Le demi-soc monté sur le cep. Le soc entier ou tranchant à droite et à gauche, est en usage dans bien des provinces ; il fatigue un plus les chevaux en soulevant deux mottes de terre à la fois. Le coutre fend la terre perpendiculairement. Le soc la tranche et la soulève horizontalement.

m L'oreille, planche courbée, et qui va en s'élargissant pour emporter et pour renverser de côté la terre que le coutre et le soc ont coupée en différens sens. Cette planche est appuyée sur l'oreillon, pièce de bois qui, d'un bout, est emmortoisée dans le cep, et tient aussi à l'étançon par une longue cheville. *Fig.* 3.

n Le mancheron, composé de l'étançon qui porte sur le cep, et de deux manches qui tiennent de part et d'autre à l'étançon par deux chevilles mises en travers. *Voyez la fig.* 3.

Fig. 2. La charrue vue par devant.

a L'épars. *b* Bout du têtard. *c c* Les deux roues. *d* La sellette. *e* La haie. *f* L'oreille.

Fig. 3. Le train de derrière, contenant le cep *k*, l'étançon *n*, les deux manches et l'oreille.

Fig. 4. Le train de devant séparé de la haie. *a* L'épars. *b* Le têtard. *c c* Les échantignoles. *d d* Les roues. *e e* L'essieu. *f* La sellette. *g* Le chignon séparé de la haie.

Fig. 5. Le soc *l*, monté sur le cep *k*, avec la trace de l'oreillon et de l'oreille.

Il y a deux manières de labourer, l'une à oreille dormante, l'autre à oreille mobile. Quand le laboureur trace son premier sillon, l'oreille qui accompagne le soc, doit être posée, non vers le dehors de la pièce qu'il laboure, mais vers le dedans pour y renverser la terre, ce qui se fait plus exactement avec un demi-soc qu'avec un soc entier, qui soulève la terre des deux côtés à la fois. Le laboureur, arrivé à la fin de son premier sillon, veut-il en tracer un second à côté du premier et pulvériser la terre, en la rejetant dans ce premier, puis continuer les mêmes allées et venues? il laisse cette fois l'oreille posée du même côté, fait aller ses chevaux dans un sens contraire au précédent, et marchant toujours à côté de la première fosse, l'oreille de sa charrue y rejette presque toute la terre qu'il en avait tirée. Pour tracer le troisième

sillon, de manière qu'il en fasse rou-
ler la terre dans le second, c'est une
nécessité qu'il déplace l'oreille en la
tirant de ses attaches, et qu'il la
transporte de l'autre côté du soc, afin
qu'en remontant le long de la seconde
fosse, cette oreille y verse la terre
qui sort du troisième sillon. Quand
il ouvrira le quatrième, il faut qu'il
ait ramené l'oreille du côté du troisième, s'il veut le combler à son tour.
L'oreille doit donc changer de place
d'un voyage à l'autre, en continuant
de faire les sillons de suite et côte à
côte.

D'autres sont dans l'usage de construire leur charrue à oreille dormante
et ne déplacent rien. Le laboureur
ouvre son premier sillon l'oreille en
dedans ou du côté de la pièce qu'il
cultive. Au lieu de faire la seconde
fosse en cotoyant la première, il va
la tracer à l'autre lisière du champ s'il

est peu large , ou s'il l'est trop, à une
distance qui n'augmente point le travail des chevaux. Il double ce sillon
en montant à rebours et en le suivant
côte à côte, sans rien changer à sa
charrue. Il revient ensuite travailler
sur le bord intérieur du premier sillon. Par ce mouvement l'oreille de sa
charrue se présente de manière à y
rejeter la terre qui en est sortie. Si
de là les chevaux passent vers les
sillons de l'autre lisière, à mesure
que le soc soulève la terre du nouveau fossé qu'il trace, l'oreille la dé-
tourne et la pousse dans le fossé voi-
sin. Sans jamais changer de place
l'oreille se trouve en état de rendre
de part et d'autre le même service ,
tant que le laboureur tourne en dedans. Il rapproche peu à peu les sillons, de manière qu'ils viennent se
confondre en un au milieu de sa pièce,
et à égale distance des deux lisières.

Les labours réitérés divisent les molécules de la terre, et en les exposant successivement aux influences du soleil et des pluies, ils les rendent plus propres à la végétation.

On donne communément trois labours aux terres. Le premier, le plus avantageux et le plus usité, se fait vers l'automne, c'est-à-dire aux environs de la Saint-Martin. Le second, qu'on appelle *binage*, et qui est plus profond que le premier, se donne à la fin de l'hiver. Enfin le troisième, qui est plus profond encore que les deux premiers, se donne aux terres huit ou quinze jours avant qu'on veuille les emblaver.

Dans quelques endroits les hommes labourent les terres à la bêche, et les mettent en planches et en sillons, conformément à l'usage de leur pays. En Italie on se sert de buffles ; en Sicile d'ânes ; en France nous n'em-

ployons communément que des chevaux ou des bœufs, quoiqu'il y ait
quelques provinces où l'on laboure
avec des mulets et des ânes.

Les bœufs ont plusieurs avantages
sur les chevaux ; ils commencent le
travail plutôt et le finissent plus tard ;
sont moins maladifs ; coûtent moins
en nourriture et en harnois, et se vendent, quand ils sont vieux ou qu'ils
ne peuvent plus servir : on les accou-
ple serrés quand on veut qu'ils tirent
également.

Virgile, qui a chanté en beaux
vers les travaux de la campagne, n'a
pas dédaigné de parler des engrais qui
rendent le sol plus fertile : en vain le
cultivateur défricherait-il et labou-
rerait-il les terres, s'il n'avait soin de
réparer leur épuisement par des engrais convenables.

Le fumier de cheval ou de bœuf
donne trop d'herbes, et vaut mieux

pour les prairies que pour les terres
labourées ; celui de brebis est le meilleur, soit qu'on les fasse parquer dans
les champs, comme il est d'usage en
plusieurs endroits, soit qu'on les
tienne dans des étables, sur une litière
de paille ou de bruyère. On se sert
encore de chaux, de plâtre, de cendres de toute espèce, de récurures de
marres, du limon des étangs, de fou-
gère tendre et de feuilles qu'on a fait
pourrir en tas.

Indépendamment de tous ces engrais, il est peu de terres qui n'en
renferment quelqu'un propre à amé-
liorer leur superficie. La marne et le
sable sont les principaux de ces engrais. Celui-ci, quoiqu'infertile par
lui-même, divise à chaque labour les
terres les plus compactes ; en se mêlant avec elles il diminue leur téna-
cité, les rend plus poreuses, fait que
l'eau les pénètre mieux, et que les

rayons du soleil les échauffent plus facilement. On ne saurait assigner le temps où l'on a commencé à *marner :* cette pratique se perd dans l'antiquité la plus reculée. Varron la trouva établie dans les Gaules lorsqu'il y commandait les armées romaines, c'està-dire, il y a plus de deux mille ans.

ART DU MEUNIER.

Vous savez, mes enfans, que le meunier est celui qui réduit le bled en farine et qui le *blute*, c'est-à-dire, qui sépare la farine d'avec le son. Le moulin lui appartient en propre, ou il le tient à bail. Les uns ont des *moulins à eau*, les autres des *moulins à vent.*

Il n'est pas possible de manger en substance le grain sec et couvert de

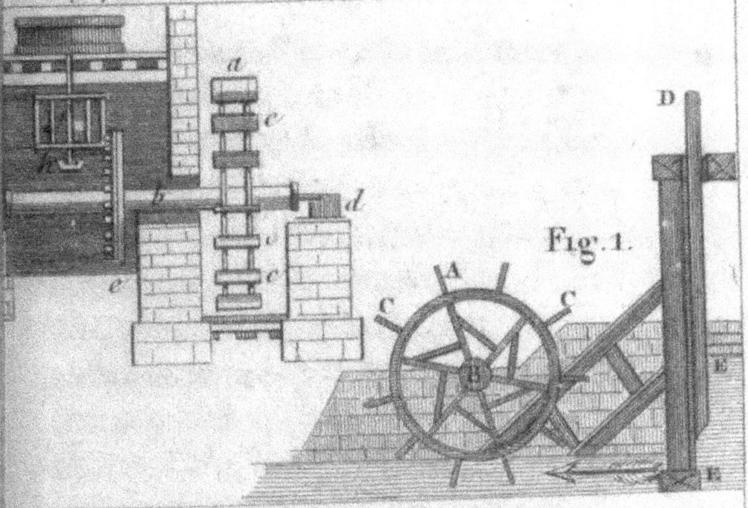

n.1.Pag.74.
Fig.1.
Les Moulins. 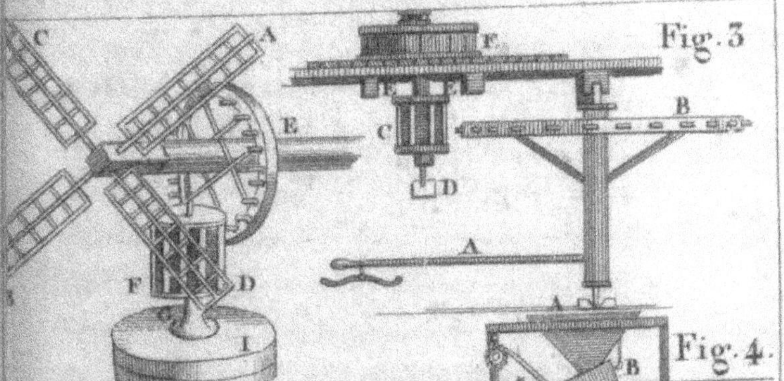
Fig.2.
Fig.3.
Fig.4.
Les Moulins.
BIBLIOTHÈQUE NATIONALE

son enveloppe. Il a donc fallu cher-
cher divers moyens de le préparer.
Dans les premiers temps on a torréfié
les grains pour en séparer la pellicule
ou la balle ; c'est la méthode que prati-
quent encore aujourd'hui les sauvages.
Les premiers instrumens dont on se
servit pour les piler, furent les pilons
et les mortiers , soit de bois , soit de
pierre. La nature les indiquait ; mais
comme il fallait bien du temps et de
la fatigue pour reduire le bled en farine de cette manière , on en vint à
faire usage de deux pierres , l'une fixe ,
et l'autre qu'on faisait mouvoir à force
de bras , à peu près comme nos pein-
tres broient et mêlent leurs couleurs.
Ce travail était encore très-long et très-
pénible. Enfin comme le génie de
l'homme en société , s'étend et se
perfectionne, on imagina la construction des moulins , et l'art admirable d'employer les élémens pour

faire ces travaux si nécessaires. On parvint même à faire usage de ces moulins pour séparer la farine d'avec le son.

Il y a lieu de penser que dans les premiers temps on faisait le blutage en faisant passer le bled pilé dans des tamis ou paniers d'osier. Par la suite on perfectionna ces machines ; on fit des tamis avec des joncs les plus menus ; on en fit avec du fil, et enfin avec des crins de chevaux, et aujourd'hui les tamis qu'on emploie à cet usage sont faits avec de la soie.

Depuis l'invention des moulins, le travail du meunier, autrefois si pénible, se reduit presque à mettre le blé qu'il veut moudre dans la *trémie*, à l'instant où la cloche l'avertit qu'il n'y en a plus, et à mettre dans des sacs le blé réduit en farine. Ici les machines font tout ; il ne reste rien à faire à l'ouvrier. Ce sont donc ces machines d'une si belle invention qui constituent tout l'art, et ce sont elles qu'il est essentiel de connaître.

Il y a des moulins qui sont mus par les eaux, et d'autres qui le sont par l'air; ce qui constitue deux espèces principales de moulins, les *moulins à eau*, et les *moulins à vent*.

Le moulin à eau.

Fig. 1. A Le plan de la roue.

B L'arbre.

CCC Les aubes, planches posées sur leur épaisseur, et transversalement à la circonférence de la roue, pour recevoir l'impulsion de l'eau sur leur surface.

D La vanne, porte de bois qui se hausse pour laisser passer l'eau, et s'abaisse pour l'arrêter. La vanne se tient au point où on la veut, par l'insertion d'une cheville.

E L'eau retenue à une hauteur convenable pour gagner par sa chute dans le bassin ou canal F une impulsion plus forte contre les aubes inférieures qu'elle y rencontre , et qu'elle entraîne avec le rayon qui fait jouer l'arbre ou l'essieu.

a La même roue vue de profil avec ses aubes. Elle a environ seize pieds de diamètre en comptant jusqu'à la moitié des aubes.

b L'arbre , long environ de dix-huit pieds , et de dix-huit pouces de diamètre.

cccc Les aubes.

dd Les tourrillons qui soutiennent l'arbre ; ils ont un pouce et demi de diamètre.

e Le rouet qui a quatre pieds de rayon , et quarante-huit chevilles implantées perpendiculairement au plan de sa circonférence , pour engrainer dans les fuseaux de la lanterne.

f La lanterne environ d'un pied et

demi de diamètre , composée de deux plateaux qui la terminent en haut et en bas , et de neuf fuseaux qui forment son contour. Elle est traversée par l'axe de fer g qui s'appuie de sa pointe sur la pièce de bois h , et soutient la meule supérieure. Cette pièce d'appui se nomme le palier.

i Le tambour où les meules sont enfermées.

Les moulins à eau sont ou à demeure et posés sur le courant des eaux , ou mobiles et placés sur des bateaux. Ceux-ci ont la roue directement opposée au fil de l'eau , et au courant le plus vif. Pour faire aller ceux qui sont stables, on retient l'eau , et on la laisse tomber sous la vanne , dans un canal profond et étroit, afin qu'y étant accélérée dans sa chute et resserrée , elle porte tout son effort sur les aubes. Quand le courant est faible , et qu'on le peut fortifier par une chute , on fait tomber l'eau non vers le bas , mais sur les parties supérieures de la roue , qui en ce cas est moins grande , et porte autour d'elle non des aubes , mais des auges ou petits enfoncemens, pour mieux recevoir l'action et le poids de l'eau.

Le moulin à vent.

Fig. 2. Le moulin à vent sans aucune proportion observée dans les pièces. C'est une première ébauche de l'assemblage qui s'éclaircira. A B C D Les ailes. E Le rouet. F La lanterne. G L'axe. H Le palier. I La meule supérieure ou tournante suspendue en équilibre à l'axe de fer. K La meule gisante ou immobile.

Le moulin à bras.

Fig. 3. A Long levier où l'on applique le moteur. Le moteur peut être ou un seul homme ou plusieurs ,

Le Moulin à Vent Vêtu.

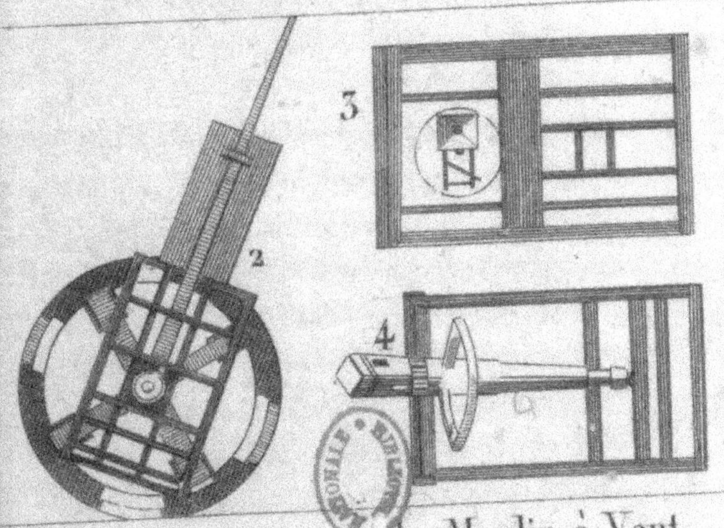

Pièces intérieures du Moulin à Vent.

ou un cheval , ou un bœuf, etc. Le levier peut-être double ou quadruple , et former ce qu'on appelle un travail pour recevoir plusieurs chevaux et faire aller plusieurs moulins ensemble. B Le rouet, posé horizontalement, avec ses chevilles posées sur le plan , mais extérieurement et à la circonférence des jantes. C La lanterne. D Le palier. E L'axe de fer. F Le tambour où sont les meules.

Coupe de la trémie et du tambour qui enferme les meules.

Fig. 4. A La trémie où l'on jette le blé. B L'auget , petite auge inclinée pour recevoir le bled qui s'échappe de l'orifice inférieur de la trémie , et pour le conduire dans l'ouverture de la meule supérieure. C L'axe de fer, qui étant carré à la rencontre de l'extrémité de l'auget , ne saurait faire une révolution sans heurter de ses quatre

coins contre l'auget qui recule au passage de chaque angle et retombe quatre
fois sur autant de surfaces plates qui
sont entre les coins de la barre. Ces
petites secousses déterminent le blé
de l'auget à se glisser entre les meules , et successivement celui du bas
de la trémie à s'écouler , n'étant plus
soutenu. D La meule tournante. E La
meule gisante. F Le palier. La lanterne , l'axe de fer et la meule supérieure tiennent ensemble , et marchent
de compagnie. L'axe traverse la meule
inférieure et y joue librement. Il y a
une légère distance entre les deux
meules. Elles ne se touchent point ;
et pour rendre la révolution de la supérieure plus libre par la diminution
des frottemens , la barre de fer se ter-
mine en pointe , et ne touche que par
un pivot le palier qui la soutient.

Le Moulin à Vent vu de face.

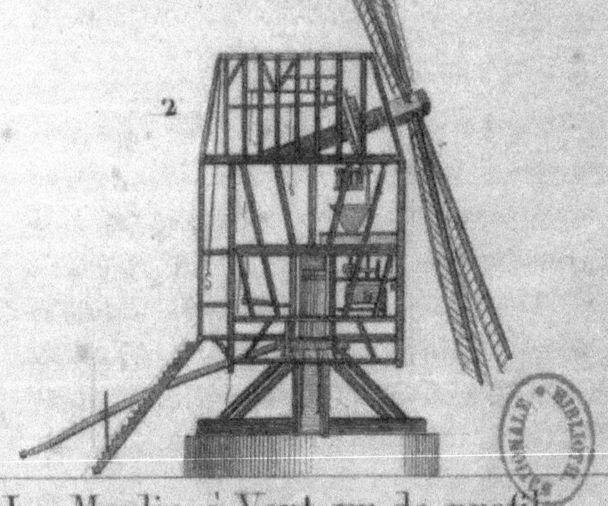

Le Moulin à Vent vu de profil.

Le moulin à vent, avec ses ailes vê-
tues.

Fig. 1. Le moulin à vent vêtu.

Fig. 2. Plan du fondement et du premier étage, avec la montée et la queue du moulin,

Fig. 3. Plan du second étage qui porte les ailes et la trémie.

Fig. 4. Plan du troisième étage, où pose l'axe des ailes avec le rouet.

La carcasse du moulin à vent, vue de
face et de profil.

Dans l'une et dans l'autre figures, *la première n° 1, la seconde n° 2,* on distingue les trois étages. Sous le premier est *l'attache*, ou cette puissante pièce de bois, qui, à l'aide des selles, des liens et appuis obliques qui la maintiennent debout, porte tout le corps du moulin; il tourne à volonté autour d'elle, pour présenter les ailes au vent selon que le cours en vient d'un côté ou d'un autre. La queue du moulin avec son échelle étant poussée par un seul homme, ou tirée à l'aide d'un tourniquet, suffit pour mettre l'arbre des ailes sous la direction du vent.

Dans le premier étage vers le tiers de la charpente du côté des ailes, on voit *l'attache*, ou l'aiguille qui porte tout, continuée jusqu'au second. Entre cette pièce de support et le devant, est la huche posée sous les meules pour recevoir la farine.

Dans le second étage est le coffre aux meules, la trémie et la lanterne au bas du rouet.

Dans le troisième est l'arbre des ailes, le rouet, le cerceau, qui embrasse le rouet, pour le lâcher ou pour l'arrêter, et un engin à tirer le blé, qui reçoit son mouvement du rouet.

La beauté de cette machine con-

Le Boulanger. Le Patissier.

Le Vermicelier. Le Vigneron.

siste : 1º dans le parfait équilibre de
la masse du moulin, qui se soutient
et joue en l'air sur un simple pivot ;
2º dans la disposition inclinée des
ailes pour recevoir le vent ; 3º enfin
dans le rapport de la force mouvante,
avec la résistance des meules et du
frottement.

ART DU BOULANGER.

Le boulanger est celui qui pétrit
et fait cuire le pain, le pain, cet aliment dont l'usage est universel, et
dont la privation nous serait aujour-
d'hui insupportable.

Comme tous les autres arts, celui-
ci, tout simple qu'il est, a eu des
commencemens très-grossiers. On a
commencé, disent les anciens, par

manger les grains tels que la nature les produit, et sans aucune préparation. Selon Possidonius, philosophe fort ancien et fort estimé, cette expérience a suffi pour qu'en consultant la nature, on ait découvert l'art de convertir le blé en pain. On a dû observer, dit-il, que les grains étaient d'abord broyés par les dents, et qu'ensuite leur substance était délayée par la salive; qu'en cet état, après avoir été remués et rassemblés par la langue, ils descendaient dans l'estomac, où ils recevaient le degré de cuisson qui les rendait propres à être convertis en nourriture. Sur ce modèle, on forma le plan de la préparation qu'on devait donner au blé pour être converti en aliment. On imita l'action des dents en broyant le blé entre deux pierres; on mêla ensuite la farine avec de l'eau; et en remuant et pétrissant ce mélange, on en fit une pâte qu'on mit cuire d'abord sous la cendre chaude, ou de quelque autre manière, jusqu'à ce qu'ensuite, et par degrés, on ait inventé les fours.

Les premiers hommes ont pu connaître assez tôt le secret de convertir le blé en farine grossière; mais celui de convertir la farine en bon pain n'aura pas été, suivant toute apparence, trouvé aussi promptement. Il est aisé de deviner par quels degrés on y sera parvenu. Il a fallu imaginer la pâte, c'est-à-dire, ne mêler qu'une certaine quantité d'eau avec la farine, remuer ce mélange fortement plusieurs fois, et trouver l'art de le faire cuire.

Mais tout ce travail ne procurait encore qu'un pain lourd, mat, de difficile digestion, jusqu'à l'instant où un heureux hasard fit connaître l'effet du *levain*; car l'idée ne s'en est certainement pas présentée naturellement. On aura été redevable de cette invention à l'économie de quelques personnes, qui, voulant faire servir un reste de vieille pâte, l'auront mêlée avec de la nouvelle, sans prévoir l'utilité de ce mélange. On aura sans doute été bien étonné en voyant qu'un morceau de pâte aigrie et d'un goût détestable, rendait le pain où on l'avait inséré plus léger, plus savoureux, et d'une plus facile digestion. Mais voici encore une découverte dans le même genre. Depuis qu'on a inventé l'art de faire fermenter les grains pour en obtenir une liqueur spiritueuse qu'on nomme *bière*, on a trouvé que l'écume qui se forme pendant la fermentation de cette liqueur est propre à faire lever la pâte d'une manière plus avantageuse, et plus parfaite que l'ancien levain de pâte aigrie; en sorte qu'on emploie présentement cette *levure* pour faire le pain de pâte légère. Mais quelques personnes pensent que le pain fait avec la levure est beaucoup moins sain que le pain de pâte ferme fait avec le levain.

On ne prenait pas anciennement de grandes précautions pour faire cuire le pain ; l'âtre du feu servait le plus souvent à cet usage. On posait dessus un morceau de pâte applati ; on le couvrait de cendres chaudes, et on l'y laissait jusqu'à ce qu'il fût cuit. L'invention des fours est cependant très-ancienne ; il en est parlé dès le temps d'Abraham. Quelques écrivains font honneur de cette découverte à un nommé *Annus*, égyptien, personnage entièrement inconnu dans l'histoire. Il y a lieu de penser que, dans l'origine, ces fours étaient fort différens des nôtres. C'étaient, autant qu'on en peut juger, des espèces de tourtières d'argile ou de terre grasse,

qui se transportaient aisément d'un
lieu à un autre. Ceux des Turcs sont
à peu près faits comme ces premiers ;
ils sont d'argile et ressemblent à un
cuvier renversé ou à une cloche. On
les échauffe en faisant du feu par dedans ; alors on met sur la plate-forme
de dessus la pâte formée en manière
de galettes ; on ôte les pains à mesure
qu'ils sont cuits, et on en met d'autres
à la place. Les différentes manières
de faire cuire, dont nous avons parlé,
subsistent encore dans l'Orient.

Les grains dont on se sert le plus
ordinairement en Europe pour faire
du pain, sont le froment, le seigle
et le méteil. Dans les temps de disette, on en fait quelquefois d'orge,
d'avoine, et même de blé sarrazin.
En Asie, en Afrique et en Amérique, on fait le pain avec la farine
de maïs.

Le seigle est la nourriture des pauvres gens. La propriété qu'il a de rafraîchir engage souvent à en mêler un peu avec le froment, pour rendre le pain plus tendre, plus frais et plus agréable. Le seigle dégénéré ou altéré, et qu'on nomme *blé cornu* ou *ergot*, n'est bon qu'à jeter : il occasionne des maladies funestes à ceux qui en font usage.

L'art de faire le pain, ignoré pendant très-longtemps, est encore inconnu de bien des peuples, quoiqu'ils aient des grains propres à cela. Il paraît au premier aspect simple et facile, puisqu'il n'est question que d'allier, par une agitation violente, un corps farineux avec de l'eau et de l'air, de lui donner ensuite une certaine forme, et enfin une consistance par le moyen du feu. Il demande cependant plusieurs travaux différens et une certaine intelligence pour y réussir.

Un boulanger a ordinairement sous
lui un *geindre*, ou premier ouvrier,
appelé *mitron* en quelques pays, et
des *aide - garçons*, dont le nombre
doit être relatif au plus ou moins de
travail qu'il entreprend. Son atelier
est garni d'un *pétrin* ou auge de
bois dans laquelle on travaille la
pâte, d'une chaudière, d'un bassin
de cuivre à anse de fer pour porter
l'eau chaude dans le pétrin, d'une
ratissoire pour détacher la pâte qui
est collée aux parois du pétrin, d'un
coupe-pâte ou instrument de fer large
et presque carré, d'une *couche* ou
table de bois sur laquelle on couche
la pâte qu'on a tirée du pétrin, de
sébiles ou vaisseaux de bois faits en
rond dans lesquels on tourne le pain
avant que de le mettre au four, de
plateaux de bois plus grands et plus
plats que les sébilles, de *panetons*
ou petits paniers pour mettre le pain,

de toiles pour l'envelopper; et enfin de tous les instrumens nécessaires à chauffer le four et à en conserver la chaleur.

Il faut que le boulanger s'étudie à connaître la qualité de l'eau pour n'employer que la meilleure ; le levain le plus propre à faire fermenter la pâte et lever le pain ; la méthode la plus convenable au travail des différentes pâtes et des diverses sortes de pain , et les règles qu'il faut suivre pour donner à la pâte le poids qu'elle doit avoir en pain.

On a observé que le sel perfectionnait cet aliment , en developpant et en augmentant la qualité de la farine. Il est d'expérience que le sel étant dissous dans l'eau , ce fluide pénètre la farine d'une manière plus intime , et que le pain qui en résulte est plus léger , de meilleur goût , et se conserve plus longtemps.

Avant de commencer à pétrir, on fait un creux dans la farine pour y délayer le levain avec de l'eau plus ou moins chaude, selon la saison, jusqu'à ce qu'il soit dissous, de façon qu'il n'y reste aucuns *marrons* ou grumeaux de levain.

Quand cette opération est faite, qu'on a mêlé de droite et de gauche une partie de la farine qui est dans le pétrin avec la pâte molle où l'on a délayé le levain, on *frase*, c'est-à-dire, qu'on fait la pâte un peu plus sèche, en y mêlant de nouvelle farine à chaque tour ou façon qu'on donne à la pâte : on y verse de l'eau à proportion qu'on y met de la farine, et l'on y enfonce promptement les mains pour que l'eau la pénètre davantage ; on la retourne ensuite plusieurs fois, et on la *boulange* dans le pétrin avec les poings fermés. On pétrit aussi quelquefois avec les pieds dans des ba-

quets , ou sur une table placée à terre ;
les boulangers , attentifs à la propreté ,
mettent pour lors leurs pieds dans un
sac ; et au lieu de replier la pâte comme
on fait quand on la boulange avec les
poings , ils la coupent en morceaux
qu'ils mettent les uns sur les autres.

Lorsque la pâte a pris la consistance désirée , suivant qu'on veut
faire le pain plus ferme ou plus léger ,
on la divise en parties égales avec le
coupe-pâte ; on pèse chaque partie à
la balance ; on la tourne ensuite sur le
tour , et on la laisse sur la *couche* jusqu'à ce qu'elle soit assez levée et prête
à mettre au four.

La cuisson est la principale et la
dernière chose requise dans la fabrication du pain ; c'est elle qui achève
et qui donne la perfection à l'ouvrage
du boulanger ; pour cet effet on en-
fourne la pâte lorsqu'on juge que le
four a été chauffé relativement à la

qualité des farines dont on a fait la pâte. Les bonnes farines ne demandent qu'un four modérément chaud ; au lieu que celles qui le sont moins, et qu'on appelle *revèches* , exigent qu'il le soit davantage , ce qui fait que les boulangers se trompent quelquefois dans le chauffage de leur four , et qu'ils disent que la mauvaise marchandise est plus difficile à cuire que la bonne.

Le temps de la cuisson se règle sur la nature des farines, sur la qualité de la pâte (parce que le pain de pâte ferme est plus long à cuire que celui de pâte molle), et sur la grosseur et la forme des pains. Meilleure est la farine, plus il entre d'eau et d'air dans la composition du pain , et plus aisément il cuit. Une demi-heure suffit pour les pains mollets d'une livre lorsqu'il n'y a pas de lait , parce que le feu fait évaporer plus vite l'eau que le lait, qui, étant plus adhérent à la pâte, s'en détache plus difficilement. Le pain de douze livres demeure trois heures dans le four ; celui de huit livres deux heures ; celui de six livres une heure ; celui de trois livres cinquante minutes ; celui de deux livres trois quarts-d'heure ; celui d'une livre et demie trente-cinq minutes ; et celui d'une livre une demi-heure. En général plus les pains ont de surface, plus promptement ils cuisent, ce qui fait que les petits pains, ayant à proportion plus de surface que les grands, demeurent moins de temps au four, relativement à leur forme et à leur poids.

ART DU PATISSIER.

Vous m'en voudriez, mes enfans, si je passais sous silence un art auquel vous devez bien des sortes de friandises. Une connaissance mène à une autre. L'art du boulanger a produit par degrés celui du pâtissier, dont je vous dirai un mot en passant.

Il y a deux sortes de pâtissiers, savoir, les *pâtissiers ordinaires* et les *pâtissiers de pain d'épice.*

Ces derniers font remonter leur art à une haute antiquité. Ils prétendent que *le pain d'épice* n'est point une invention moderne, et que son usage nous est venu de l'Asie. On lit en effet dans Athénée, qu'il se faisait à Rhodes un pain assaisonné de miel, d'un goût si agréable, qu'on en mangeaitavec plaisir, même après les plus grands repas. Les Grecs nommaient ce pain *melilates*. C'est de là qu'il a passé en Europe, et qu'il est venu jusqu'à nous.

Vous voyez que le pain d'épice est une sorte de pain assaisonné d'épice qu'on pétrit avec l'écume de sucre ou avec le *miel jaune*. Ce miel est celui qui découle en dernier des gâteaux de cire lorsqu'on les presse. Il est coloré par des grains de *cire brute*, qui sont de la poussière d'étamines de fleurs, que les mouches à miel avaient mise en réserve dans leurs alvéoles, pour s'en servir en partie de nourriture, et pour construire aussi leurs cellules, qui ne sont formées que de cette matière.

On n'emploie pour le pain d'épice d'autre farine que celle de seigle, et on le pétrit avec les ingrédiens ci-dessus détaillés, à peu près comme le pain ordinaire.

Quand la pâte a la consistance qu'on veut lui donner, on la met par morceaux dans des sébilles de bois pour l'empêcher de couler. Ensuite on l'en retire, et l'on donne à chacun de ces morceaux les différentes formes que nous avons journellement sous les yeux, soit sur les boutiques des pain-d'épiciers, soit dans les foires, où il se fait une grande consommation de cette sorte de marchandise.

Après cette opération, il ne reste plus qu'à faire cuire le pain d'épice au four, et lui donner le degré de cuisson convenable; opération qui dépend de l'habitude et de l'expérience.

Les *pâtissiers*, *proprement dit*, font des pâtes ordinaires et des pâtes feuilletées.

La pâte ordinaire se fait avec de la farine, de l'eau, du beurre et du sel délayés ensemble.

La pâte feuilletée ne diffère de

cette première qu'en ce qu'au lieu de délayer tous les ingrédiens à la fois, on commence d'abord par délayer avec l'eau la farine et le sel, et par donner même une certaine consistance à la pâte avant d'y mettre le beurre. On ne met le beurre qu'en le *tournant* plusieurs fois avec la pâte, c'est-à-dire, en le travaillant à diverses reprises sur le *tour à pâte*, par le moyen d'un rouleau de bois destiné à cet usage.

Le *tour à pâte* n'est autre chose qu'une forte table qui a des bords de trois côtés.

ART DU VERMICELLIER.

Vous pouvez, mes enfans, en dirigeant votre promenade du côté de la barrière du Maine, suivre un petit sentier à droite, et aller visiter un moulin à vent où un *vermicellier* a établi sa fabrique.

Tandis que le boulanger reduit son grain concassé en grosse farine pour en faire du pain, le vermicellier convertit son grain en *semoule*, ou farine très-fine, pour en faire de la pâte ; puis au moyen d'un instrument percé de plusieurs petits trous, il réduit la pâte en petits filets qui ressemblent à des vers.

Comme la pâte résulte de la combinaison de l'eau avec la semoule, il faut nécessairement qu'un vermicellier sache quelle est la quantité de ce liquide dont il a besoin, et à quel degré de chaleur l'eau doit être relativement à la quantité et à la qualité de la semoule. Pour pétrir sa pâte il se sert d'une eau beaucoup plus chaude que le boulanger ne l'emploie pour le pain. Plus l'eau est chaude moins la pâte est blanche ; mais aussi elle sèche plus vite et se conserve plus longtemps. Un pain pétri à l'eau bouillante est moins frais, mais il se corrompt plus difficilement parce que l'eau froide amollit la pâte, et que la chaude la durcit. Moins il y a d'eau dans une pâte, meilleure elle est ; c'est pourquoi sur cinquante livres de semoule on ne met que douze livres d'eau ; et il y en a toujours assez lorsque la semoule forme une pâte qui ne s'en va point en grumeaux. Moins il y a d'eau et de levain plus les pâtes se conservent, et moins elles fermentent : mais aussi elles sont moins dissolubles , cuisent plus difficile-ment , et sont d'une digestion moins aisée que celles qui sont pétries avec un levain proportionné. A la vérité, celle-ci ne sont bonnes que les dix ou douze premiers mois , au lieu que les autres durent deux ou trois ans, et ne commencent à être bonnes que lorsque la vétusté leur sert de levain.

Le gouvernement du levain est une opération si difficile, que lorsqu'un vermicellier en emploie , il faut qu'il travaille lui-même sa pâte, ou qu'il soit bien sûr de l'ouvrier à qui il la confie. Le pétrissage doit se faire avec autant de force que de vitesse , afin que la pâte soit encore chaude quand il la *brie*, c'est-à-dire quand il la bat avec une barre qui porte ce nom. Lorsque la pâte est *briée*, il la couvre de deux linges l'un sur l'autre, sur lesquels il monte pour la piler, en marchant fortement par-dessus pendant deux ou trois minutes. Après qu'il est descendu, il ôte le devant du pétrin, et bat la pâte pendant deux heures de suite. Pendant ce temps-là il appuie la cuisse et la main droite sur l'extrémité de la brie, meut sa jambe gauche, frappe prestement du pied contre terre pour s'élever avec la brie, tient sa main gauche levée en l'air, l'agite, et suit avec la tête tous les mouvemens qu'il fait en cadence.

Dès que la pâte est faite, les *vermicelli*, les *macaroni*, les *hagnes*, les *lazagnes* et les *padri*, ne diffèrent entre eux que par la diversité des moules par lesquels on la fait passer en la pressant par-dessus.

Les vermicelliers se servent de deux espèces de presses. Les unes ont la vis verticale, et les autres l'ont horizontale. Celles-ci servent pour les pâtes

que l'on coupe avec un couteau attaché au centre du moule , et qu'on fait
tourner comme une manivelle ; celles-
là sont pour les pâtes longues , comme
vermicelli , macaroni , etc. , parce
qu'on ne coupe pas ces dernières
pâtes , et qu'on les casse avec la main
contre le moule.

Quand on veut faire des vermicelli,
on met la pâte dans une presse cri-
blée d'une infinité de petits trous ,
d'où elle sort en filets ordinairement
blancs , et jaunes lorsqu'on y a mêlé
du safran et des jaunes d'œufs. Les
vermicelli au safran sont communément faits de semoule tachée, quoique
bonne. La pâte des macaroni est un
peu moins ferme que celle des vermicelli. On la met au fond de la cloche du pressoir , dans un moule fait
exprès. Elle ressemble , au sortir du
moule , à un petit cylindre creux , qui
est la forme ordinaire des macaroni.

Pour les *hagnes*, on applatit la pâte, et on l'étend au moule en forme de ruban, large de deux doigts. Lorsque ces rubans sont façonnés sur les bords, découpés et festonnés, ce sont des *lazagnes*. Lorsque les Italiens en forment des grains de chapelet, ils les appellent *padri*.

Avant de couper les uns et les autres dans la forme qu'on veut leur donner, on les prend par petites pincées, on les pose sur des feuilles de papier étendues sur des claies de fil d'archal, et on les fait refroidir en agitant l'air avec un éventail de carton, parce qu'autrement la pâte ne casserait pas net, *ferait mêche*, c'est-à-dire qu'elle se rejoindrait.

Le déchet de la pâte de vermicelli est toujours relatif à la quantité d'eau qui est entrée pour délayer la semoule. En mettant douze livres d'eau, par exemple, sur cinquante livres de semoule, on n'a que cinquante livres de vermicelli sec.

ART DU VIGNERON.

Si la culture du bled procure à l'homme son principal aliment, la culture de la vigne lui fournit la plus agréable et la plus utile boisson. Ce n'est, mes enfans, que l'excès de cette liqueur qui peut en empêcher les bons effets. Le vin, en général, bu avec modération, répare les esprits, fortifie l'estomac, purifie le sang, favorise la transpiration, et aide à toutes les fonctions du corps et de l'esprit. Il est vrai que les vignes demandent beaucoup de façons ; mais elles rapportent beaucoup, et l'*art de faire le vin* offre d'importans avantages à ceux qui savent le cultiver.

Le *vigneron* est celui qui travaille la vigne, qui la plante, la soigne, et exprime le jus des raisins pour en faire du vin.

Il y a plusieurs pays où la nature, sans aucun secours de l'art, produit de la vigne, dont le fruit est peu différent de celui des vignes cultivées. On a rassemblé d'abord les ceps confondus auparavant avec les autres arbustes; on les a transportés dans des terroirs convenables, et l'on en a formé des plants réguliers. Tout était naturel dans cette culture. Il a suffi de tailler la vigne, de l'émonder. Il n'a pas été nécessaire d'en marier différentes espèces par la greffe pour les adoucir, comme on le pratique à l'égard des arbres fruitiers. Rien n'était plus simple que d'exprimer le jus des grappes avec les mains : mais l'art se perfectionnant ensuite, on a trouvé des moyens plus expéditifs. L'invention des vases propres à conserver les liqueurs, a suivi de près la découverte du vin. On a d'abord fait usage de ceux que la nature présentait dans tous les climats ; tels étaient les courges, les calebasses, qui, étant desséchées et creusées, servaient à garder les liqueurs. Ce sont encore les vases les plus ordinaires des peuples de l'Amérique. Les *bambous*, espèces de roseaux, sont encore propres à cet usage. Dans plusieurs pays d'Asie et d'Amérique, ils tiennent lieu de seaux et de barrils. On s'est servi aussi de cornes d'animaux, tels que l'*urus*, ainsi qu'on le pratique encore en Afrique ; on parvint enfin à préparer leurs peaux, de manière qu'on put les rendre propres à contenir les liqueurs. Les *outres* sont encore en usage dans quelques-unes de nos provinces. Mais un des moyens les plus avantageux a été de conserver le

vin dans des vaisseaux , composés
d'un assez grand nombre de morceaux
de bois artistement joints , ouvrage
du *tonnelier.*

Les premiers soins du vigneron
consistent à planter , provigner , tailler , labourer , lier , terrer sa vigne ,
et la fumer. Pour faire ces ouvrages il
se sert d'un assez grand nombre d'instrumens , mais tous fort simples.

Pour planter la vigne , le vigneron
fait usage d'une espèce de bêche renver-
sée qu'on nomme *houe,* qui a un fer
large et plat , attaché à un manche de
deux pieds et demi de long. Il y a des
houes fendues en deux parts, dont on
fait usage lorsque les terres sont fortes
et pierreuses. C'est avec ces instrumens
qu'il prépare les trous nécessaires pour
planter. Il ne laisse ordinairement
qu'un pied et demi ou deux de
distance entre chaque cep de vigne ;
mais le vin en serait meilleur, et la

vigne en rapporterait même davantage, si l'on espaçait davantage les
ceps, ainsi qu'on le pratique dans
certains endroits.

Pour aligner la vigne, en plantant,
le vigneron se sert d'un cordeau par-
semé de nœuds à distances égales.
Il dispose le rang des ceps, de façon
que le soleil, étant dans son midi,
puisse facilement les échauffer; le
tout pourvu que la pente du terrain
et celle de l'écoulement des eaux ne
soient pas contraires; car alors il di-
rige les rangs d'une manière plus ou
moins oblique à la pente.

La vigne étant plantée, demande,
pendant l'année, de grands soins de
la part du vigneron. Il faut qu'il lui
donne de fréquens labours. Il en donne
ordinairement trois pendant l'année.
Le premier se fait en mars. A ce labour
il remue bien la terre jusqu'aux racines que l'on recouvre ensuite; et il

se sert pour cette opération de la *houe* plutôt que de la *bêche*. Ce premier labour s'appelle *houerie*. Il n'y a que ce labour qui en mérite proprement le nom ; car dans les autres on sarcle plutôt qu'on ne laboure, ce qu'on fait toujours avec la *houe*. La seconde opération est le binage qu'il donne avant la fleur de la vigne. Lorsque le fruit est formé, et qu'il est en verjus, on réitère cette opération, et c'est ce que l'on nomme *tiercer*. C'est après le premier labour que, dans une grande partie de la France, le vigneron pique les *échalas* auxquels il lie la vigne avec des brins d'osier, quand la fleur est tombée. L'échalas ne sert pas seulement à soutenir le cep, il le garantit encore en partie de la gelée, des vents et de la grêle.

Avant de donner les labours dont nous venons de parler, le vigneron a soin, en novembre, de tailler sa vigne,

1° afin qu'elle pousse un plus gros bois ; 2° pour empêcher qu'elle ne porte trop de fruit, et qu'ainsi elle ne s'épuise en peu d'années ; 3° pour faire mûrir les raisins ; 4° pour lui faire produire de nouveaux rejettons au-dessus de la tête.

Lorsque le temps des vendanges approche, il fait provision de tonneaux, et fait faire les réparations nécessaires au pressoir et aux cuves. Il se procure un cuvier, des pelles de bois, des entonnoirs, des paniers, des hottes d'osier. Lorsque le raisin est mûr, les vendangeurs et vendangeuses vont dans les vignes faire la cueillette. C'est de l'exactitude de leur travail et de la nature du terroir que dépend la qualité du vin.

L'art est parvenu à tirer du raisin noir, qui est l'espèce la meilleure et qui donne le plus de jus, du vin blanc, rouge, gris ou paillet, à volonté.

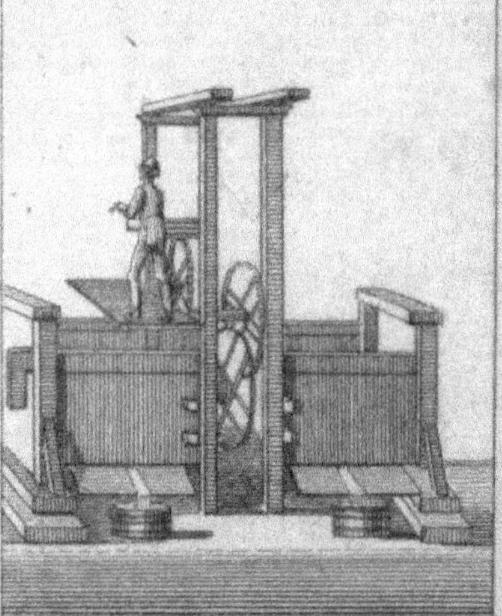

Le Pressoir.

Le Pressoir à huile

L'Art de faire le Cidre

L'Art du Brasseur

Vous savez que pour exprimer le jus des raisins, il faut les mettre dans le *pressoir*. L'invention de cette machine remonte à la plus haute antiquité. Il en est souvent question dans les livres des Juifs.

Le *pressoir* ordinaire est soutenu par de grosses pièces de bois qui servent de support : il y a de chaque côté un montant. Les deux montans soutiennent une forte pièce de bois qui est l'écrou ou le receptacle d'une grande vis de bois qui la traverse. Au bas de cette grande vis est une roue qui sert à attacher la corde à l'aide de laquelle on fait mouvoir cette vis ; ce à quoi l'on parvient en faisant dévider la corde autour d'un poteau rond placé à côté de la presse. Cet effet s'opère par des hommes qui tournent une roue. Au bas du pressoir est un fort plancher soutenu par de la maçonnerie. C'est sur ce plancher qu'on met en tas les raisins que l'on veut fouler. A son portour est un enfoncement ou un rebord cintré qui reçoit la liqueur, et lui donne sa direction, par une pente douce, vers une cuve longue ou un tonneau qui doit la recevoir.

Lorsqu'on veut exprimer le vin, on fait sur ce plancher du pressoir un amas de raisin, qu'on appelle le *sas*, le *pain* ou le *tas* : on étend par-dessus des planches côte à côte. Sur ces planches on met quatre ou cinq *chantiers*, qui sont des pièces de bois très-fortes. On en croise d'autres sur ceux-ci, et on abaisse la vis, au bas de laquelle est attachée une large pièce de bois qui comprime les *chantiers*. Ceux-ci par leur poids, et par la force avec laquelle ils sont comprimés, expriment le jus du raisin.

La forme des pressoirs varie beaucoup dans les différentes provinces.

Dans les vignobles de la Lorraine,
les plus en usage sont les *pressoirs
à fardeaux*, qui, au lieu de la roue
et de la vis dont je viens de parler,
sont composés de quatre ou six énor-
mes poutres réunies et posées horizontalement à la hauteur convenable. Un
arbre, ou longue vis verticale dont
le pivot est emboîté dans une fort
grosse pierre, sert à donner à cette
masse un mouvement de bascule,
pour laisser aux pressuriers la facilité de tout disposer à propos, sur le
plancher, comme dans les *pressoirs
à vis*. Lorsque les raisins sont placés,
ainsi que les chantiers, des hommes
poussent et tournent l'arbre, traversé
pour cela par deux perches, pour faire
monter le fardeau, que l'on arrête à l'extrémité opposée à l'arbre, par des ais
étroits plus ou moins nombreux que
l'on appelle *aiguilles*. Cela fait, on
tourne l'arbre dans l'autre sens pour

faire *descendre* le fardeau, et on le tourne jusqu'à ce que la grosse pierre qui porte le pivot de la vis, y soit suspendue. Alors les raisins sont pressés par tout le poids du fardeau, augmenté de celui de la pierre dont il est question, et le vin ruisselle de toutes parts.

Il y a des très-grands pressoirs, qui pressent à la fois une si grande quantité de raisin, qu'on en reçoit le jus qui coule par une longue rigole, dans dix ou douze tonneaux à la fois.

Lorsque le vin est fait et distribué dans les tonneaux, on les marque selon l'ordre de la première, de la seconde et de la troisième cuvée, soit de blanc, soit de rouge. On laisse le bondon des tonneaux ouvert pendant un certain nombre de jours, qui varie suivant la maturité des raisins et la température de l'air, afin de donner lieu à la fermentation vineuse. On bouche ensuite les tonneaux assez légèrement pour laisser échapper les vapeurs qui s'exhalent. On conserve le vin au cellier haut, tout l'hiver, et on le descend dans les caves basses aux premières chaleurs.

Les Hongrois se servent, pour faire leur vin, d'un pressoir dont la construction est si simple et si peu coûteuse, qu'il est peu de vignerons qui ne puissent en avoir de semblables. Il consiste en une caisse plus ou moins large et haute, composée de deux planches mises à côté l'une de l'autre, et bordée de liteaux pour empêcher que le vin ne se répande de côté et d'autre. Cette caisse, couverte d'un plateau de bois qui entre dedans, est sous deux vis, qui, au moyen de deux morceaux de bois triangulaires avec lesquels on les fait tourner, font sortir le vin de tous les côtés de la caisse à mesure que des hommes les tournent.

Pour que le vin obtienne toutes ses vertus bienfaisantes, il faut que les parties qui le composent soient si bien proportionnées entre elles, que l'une ne préjudicie pas à l'autre et n'altère pas la qualité du vin. Pour cet effet on a imaginé de reduire en principes l'art de faire cette liqueur. On propose d'abord de fouler assez légèrement la vendange, pour ne pas écraser le pépin, de l'égrapper, de ne mettre dans la cuve qu'un quart de grappes, de couvrir la cuve d'un couvercle de paille, d'entretenir au moyen d'un poële, une chaleur tempérée dans le cellier, d'en fermer bien exactement les portes et les fenêtres, afin que la fermentation soit plus vive, et que les particules grossières de la vendange se divisent et s'atténuent mieux; d'augmenter même cette fermentation, relativement aux années plus ou moins chaudes, d'une ou de

plusieurs chaudronnées de raisins toutes bouillantes ; de tirer le vin de la
cuve pendant qu'il est dans tout son
feu , c'est-à-dire encore chaud. Toutes ces précautions contribuent à rendre les vins moins verds , moins durs,
moins grossiers , et moins maigres.

On fait aussi usage dans plusieurs
endroits du *siphon* , qui est une espèce de tuyau en verre ou de fer blanc
recourbé , dont l'une des branches est
plus courte que l'autre. Aussitôt qu'on
a aspiré l'air par la branche la plus
longue, la liqueur coule toujours par
cette branche , suivant des lois physiques qui ne sont pas du ressort de
cet ouvrage ; et l'on vide ainsi l'autre
tonneau dans lequel est plongée la
branche la plus courte.

L'art d'avoir du *vin mousseux*
consiste à le mettre en bouteilles vers
la fin de mars , lorsque la sève commence à monter dans la vigne ; on

réussit aussi quelquefois à lui faire prendre cette propriété en le tirant durant la sève d'août. Ceci prouve que la mousse n'est qu'un effet du travail de l'air et de la sève, qui agissent alors fortement dans le bois de la vigne et dans la liqueur qui en est provenue.

ART DE FAIRE LE CIDRE.

Le goût des liqueurs fermentées, est un goût si universel, que nous le voyons répandu dans les pays les plus sauvages. On a trouvé qu'il était triste de ne boire que de l'eau; et partout où la vigne ne peut venir, ou est encore inconnue, on a tâché de suppléer par quelque autre la boisson que l'on retire de son fruit.

Après le vin, le *cidre* tient nécessairement le premier rang. Sous le nom de *cidre* on n'entend ordinairement que le jus des pommes rustiques qui s'appelle dans le pays *cidre pommé*, ou simplement *cidre*; cependant le nom de cidre renferme aussi le *poiré*, ou jus des poires agrestes.

Le *cidre* est une boisson très-ancienne. Elle était connue des Hébreux, d'où elle passa chez les Grecs et les Romains. Le savant *Huet*, évêque d'Avranches, prétend dans les *Origines de Caen*, que l'usage du vin de pommes qui était établi dans cette ville dès le treizième siècle, était beaucoup plus ancien en France qu'on ne se l'imagine ; qu'au rapport d'*Ammien Marcellin* les enfans de Constantin reprochaient aux Gaulois d'aimer le vin et les autres liqueurs qui lui ressemblaient ; que les capitulaires de Charlemagne mettent au nombre des métiers ordinaires celui de *sirator* ou *faiseurs de cidre;* que c'est des Basques que les Normands ont appris à le faire, dans le commerce de la pêche qui leur était commun; que les premiers le tenaient des Africains, desquels cette liqueur était autrefois fort connue, ainsi que l'assurent *Tertullien* et *saint Augustin;* et que dans les coutumes de Bayonne et du pays de Labour, il y a plusieurs articles concernant le cidre.

Toutes sortes de pommes ne sont pas bonnes à faire cette espèce de vin. Les meilleures à manger, comme *la rainette*, etc. y sont moins propres que les communes. On les choisit de certaines espèces; et ce sont d'elles que les vergers de la Basse-Normandie, de l'Auvergne et de la Bretagne sont ordinairement remplis.

Comme il y a plus de trente sortes de pommes dont on fait le cidre, et qu'elles ne mûrissent pas toutes à la fois, on les distribue en trois classes, pour en faire trois récoltes successives. Celles qu'on nomme les *pommes tendres*, forment les deux premières classes, et les *pommes dures* la troisième, parce qu'elles mûrissent tard et difficilement. On choisit un temps sec pour les cueillir, afin qu'elles soient bien essuyées de toute humidité extérieure. Après qu'on les a abattues à coups de gaule, ou en secouant les arbres, on les porte au grenier, où elles s'échauffent en tas et où elles achèvent de mûrir.

Le temps du pilage des pommes n'est pas moins important à connaître que celui de leur maturité. Les pommes dures se pilent vertes ; mais on attend que les tendres soient bien mûres, parce que c'est en combinant ces différens sucs, qu'on parvient à les corriger les uns par les autres.

On juge de la matûrité des pommes entassées dans le grenier, par l'odeur qu'elles exhalent, et il n'y a que l'expérience qui apprenne à connaître le degré convenable pour les porter à la *pile*.

Cette machine est une auge circulaire de bois, bien close, dont les pièces sont exactement assemblées, pour que le jus ne se perde point, et dans laquelle roulent des meules dressées verticalement, par le jeu d'une pièce de bois aussi verticale, mobile sur elle-même, et placée au centre de l'auge. Les meules sont traversées par un long essieu assemblé avec l'axe vertical. A l'autre bout de l'essieu qui se prolonge en traversant la première des deux meules et extérieurement à l'auge, on attelle un cheval qui les fait tourner. Elles écrasent les pommes, de la même manière que dans les moulins à tan les meules brisent l'écorce de chêne.

Après qu'elles ont été écrasées, on les jette avec une pelle dans une grande cuve voisine. Ceux qui n'ont pas de moulin y suppléent au moyen de pilons et de massues avec lesquels ils écrasent leur fruit à force de bras.

Les pommes mises dans le pressoir, on en fait des marcs de quatre ou cinq pieds de hauteur, et on les pressure jusqu'à ce qu'ils soient totalement épuisés.

A mesure que le cidre coule du pressoir dans la petite cuve au-dessous, on l'entonne dans des futailles, en le passant dans un tamis de crin, pour arrêter les parties grossières du marc qui se sont mêlées au cidre ; et après avoir laissé quatre travers de doigt de vide dans les tonneaux, on les roule dans le cellier ou dans la cave pour y laisser le liquide fermenter et déposer sa lie, dont une partie se précipite au fond. L'autre, qu'on appelle *chapeau*, est portée à sa surface.

Comme le marc dont on a extrait le cidre peut encore être utile, on le tire du pressoir pour le remettre à la pile, où l'on jette une quantité d'eau suffisante pour qu'il puisse se broyer de nouveau. On le porte ensuite au pressoir, où il rend le *petit cidre*, qui est la boisson ordinaire des domestiques et du menu peuple. Le premier s'appelle *gros cidre*.

Quand le cidre a séjourné dans les futailles le temps qu'il lui faut pour y prendre un goût agréable, on le colle comme le vin pour le clarifier, et on le met en bouteilles.

ART DU BRASSEUR.

Voici encore, mes chers enfans, un art qui remonte à l'antiquité la plus reculée. On n'en connaît pas les inventeurs ; mais l'usage de la bière a été commun chez les peuples anciens. L'histoire nous apprend que cette liqueur a passé de l'Egypte dans tous les autres pays du monde, et qu'elle fut d'abord connue sous le nom de *boisson pelusienne*, du nom de *Peluse*, ville près l'embouchure du Nil, où l'on faisait la meilleure bière. Du temps de Strabon, cette boisson était commune dans les provinces du nord, en Flandre et en Angleterre ; elle passa même chez les Grecs, au rapport d'*Aristote* et de *Théophraste*, quoiqu'ils eussent des vins excellens ; et du temps de *Polybe* les Espagnols en faisaient aussi usage.

La bière est une liqueur spiritueuse qu'on peut faire avec toutes les graines farineuses; mais pour laquelle on préfère communément l'orge : c'est, à proprement parler, un vin de grain. En France , et particulièrement à Paris , on n'y emploie que l'orge et le houblon.

On fait trois sortes de bière ; de la double , de la simple et de la petite. Les différentes doses d'orge , de houblon et de levure , sur la même quantité d'eau , font ces trois sortes de bière.

Ceux qui font cette boisson s'appellent *brasseurs* , à cause du travail qu'ils font en mêlant l'orge avec l'eau ; ce qu'on appelle *brasser*. Il leur faut pour cela des lieux spacieux , accompagnés de cours et de grands bâtimens pour contenir les chaudières, les cuves, les baquets, les fourneaux, et autres ustensiles nécessaires, avec des greniers, des caves et des celliers. S'ils n'ont pas quelque rivière ou fontaine voisine, il leur faut des puits excellens ; car de la qualité de l'eau dépend celle de la bière, et si cette eau n'est pas bien claire, pénétrante, légère, sans saveur et très-pure, il est impossible que la bière ait quelque bonté.

Les chaudières doivent être de cuivre : leur grandeur est proportionnée à la quantité de bière qu'on veut faire. Elles sont renfermées et scellées dans une maçonnerie de briques et de bon mortier ; le fond pose sur un fourneau de brique dont le diamètre est égal à celui de la chaudière, et dont la hauteur est proportionnée de manière que le feu, grand ou petit, soit toujours suffisant pour échauffer la matière qui y est contenue.

Pour travailler et brasser commodément, il faut au moins deux chaudières montées à côté l'une de l'autre.

L'orge qui doit entrer dans la composition de la bière doit être bien choisie et de bonne qualité. On la fait d'abord tremper dans de l'eau froide pendant vingt-quatre ou vingt-huit heures ; après quoi , sans lui donner le temps de se sécher, on la porte au *germoir* : c'est ainsi qu'on appelle un lieu bas et humide , comme une cave ou un cellier, où on l'étend , et on la laisse jusqu'à ce que chaque grain ait poussé son germe environ de la longueur de quatre à cinq lignes ; alors on la porte sur la *tourraille* , et on l'étend sur les *haires* pour la faire sécher. La germination du grain ne doit pas être entière , et il faut l'arrêter à un certain degré, parce que le grain , tout à fait germé, aigrirait et gâterait la bière.

Du grain qui sert à la faire il n'y a qu'une partie qui doit être germée, et la proportion ordinaire est d'un quart de germé sur trois quarts de l'autre.

La *tourraille* est un bâtiment en manière d'étuve où l'on fait sécher l'orge au sortir du germoir. On appelle *haires* de grandes pièces d'une étoffe grossière faite de crin de cheval, sur lesquelles on étend l'orge germée. On ne fait d'abord qu'un feu modéré dans le fourneau ; mais de quatre heures en quatre heures on remue l'orge, et on augmente le feu jusqu'à ce qu'elle soit entièrement sèche, pour lors on la porte au moulin.

Les bons brasseurs ont des moulins chez eux, ou à eau, ou à chevaux, ou à bras. Ces moulins ne diffèrent en rien des moulins ordinaires pour le blé. On moud l'orge, et quand la farine est en état, on emplit d'eau les grandes chaudières ; pendant qu'elle chauffe on porte la farine dans la cuve.

Les cuves dont on se sert , sont composées de grosses douves de bois de chêne bien liées avec des cercles de fer : elles ont deux fonds. Le véritable , qui est à demeure , est percé dans son milieu d'une ouverture ronde d'un pouce, ou environ, de diamètre , que l'on bouche avec un bâton un peu plus long que la cuve n'est profonde ; on l'appelle la *tape*. Sur ce même fond pose le bout d'une pompe , par le moyen de laquelle on introduit l'eau dans la cuve entre les deux fonds.

A un ou deux pouces de distance du vrai fond on y en établit un autre, composé de planches toutes percées de petits trous que l'on ôte pour les nettoyer ; c'est ce qu'on nomme le *faux fond* ou le *fond volant*. On étend dessus du houblon ou de la petite paille de froment, c'est-à-dire, des épis battus, de l'épaisseur d'un bon pouce.

On met la farine d'orge sur cette couche ; on l'étend bien également ; et l'eau de la chaudière étant dans le degré de chaleur qu'elle doit avoir, on la fait entrer par le moyen de la pompe entre les deux fonds, d'où pénétrant par les petits trous, elle humecte le houblon ou la petite paille, et ensuite la farine qui est dessus. A mesure que l'eau arrive, elle fait nager et monter toute la matière contenue dans la cuve au-dessus du fond.

Le degré de la chaleur de l'eau que l'on introduit dans la cuve est la pierre de touche du savoir des brasseurs ; car si l'eau est trop chaude, elle brûle la farine, et tout est perdu ; et si elle est trop froide, elle la met en pâte et devient inutile. Ils trouvent ce véritable degré de chaleur en mettant la *trempe* dans la chaudière. C'est une

pelle de bois qu'on pose verticalement;
et lorsque l'eau commence à fremir
autour du manche, elle est alors dans
le degré de chaleur convenable. On
l'introduit aussitôt entre les deux
fonds, et on retire le feu afin qu'elle
ne s'échauffe pas davantage ; après
quoi on remue fortement, à force de
bras, avec des pelles, la farine contenue dans la cuve. C'est ce travail
qu'on appelle proprement *brasser*. Ce
mouvement est absolument nécessaire, non seulement pour empêcher
la farine de s'amonceller, mais particulièrement pour en tirer toute la
substance et pour la répandre dans
l'eau.

Quand on juge que la farine et l'eau
ont été assez *brassées*, on les laisse
reposer pendant une heure, après quoi
on donne *à voie*, c'est-à-dire, qu'on
lève doucement la *tape*, afin que
l'eau, imprégnée et chargée des par-

ties substantielles de la farine, passe par les petits trous du faux fond, comme par un crible bien fin, et se rende par l'ouverture de la tape dans un réservoir qui est dessous, où on la prend pour la porter dans la chaudière. La petitesse des trous du faux fond empêche que la farine ni le houblon, ou petite paille, ne puissent se mêler avec l'eau.

Quand toute l'eau est dans le réservoir, on la porte dans les deux chaudières, dans lesquelles on la partage également, et on y met le houblon à raison de sept livres et demie par muid d'eau, comme on a mis aussi l'orge à raison d'un septier par muid d'eau pour la bière double.

On met le feu sous les chaudières. On le fait d'abord assez doux, et on l'augmente ensuite pour faire bouillir la liqueur. Si on veut faire de la bière rouge, il faut faire bouillir la liqueur pendant vingt-quatre heures ; mais si c'est de la bière blanche , dès qu'elle a commencé à bouillir , on la jette sur les *bacs* pour la faire refroidir.

Ces *bacs* sont des cuves très-larges et très-grandes , mais qui n'ont que dix à douze pouces de profondeur , afin que l'air , agissant plus aisément sur cette superficie , rafraîchisse plutôt la liqueur.

Lorsqu'elle n'est plus que tiède on la lâche dans une autre cuve appelée *guilloire* , et quand on y en a fait entrer jusqu'à la hauteur d'un pied , on y met de la *levure* à raison d'un baquet ou seau par muid d'eau.

La *levure* ou *levain* n'est autre chose que l'écume que la bière jette quand elle est dans les futailles. Les boulangers de petits pains s'en servent aussi bien que les brasseurs : c'est ce qui fait bouillir la liqueur , ce qui la dépure, la clarifie, et achève de lui donner sa perfection.

La *levure* ayant demeuré sept heures dans la liqueur, et s'y étant toute dissoute, on entonne la bière dans des vaisseaux bien propres. On ne les bouche point, mais on penche un peu les pièces, et on met entre deux un baquet pour recevoir l'écume qui sort par le trou du bondon, qui est la *levure* dont je vous ai fait connaître l'usage.

Ce serait fort inutilement qu'on se donnerait beaucoup de peine pour faire de bonne bière, si l'on ignorait les moyens de la conserver dans son état de bonté, de l'éclaircir lorsque trop de vétusté l'a rendue trouble, et de lui rendre son premier goût lorsqu'elle a tourné.

Lorsque la bière monte trop promptement, que la fermentation est trop violente, son écume, qui s'extravase, entraîne et dissipe tous les sels vola-

tils , et les parties les plus onctueuses
qui sont propres à conserver sa perfection. Lorsque la fermentation est
trop longue elle devient aigrelette ;
quand elle ne fermente pas assez elle
a un goût de verdeur. C'est pourquoi
il ne faut pas moins éviter de *brasser*
dans les grands froids que dans les
grandes chaleurs, et c'est par la même
raison qu'on a soin d'entonner la bière
dans des vaisseaux bien propres et bien
bouchés avec des bouchons , enduits de
terre glaise , pour la conserver pendant des années entières. Il y a même
des brasseurs qui , pour la garder plus
longtemps , y mettent des poignées
de têtes d'absynthe , du houblon nouveau , de la craie , du froment choisi ,
du suif ou des œufs dont les coquilles
se dissolvent et se consomment totalement pendant que les jaunes et les
blancs , enveloppés dans leurs pelli-
cules , s'y conservent entiers.

Récolte des Olives.

Le Vinaigrier.

Le Cuisinier.

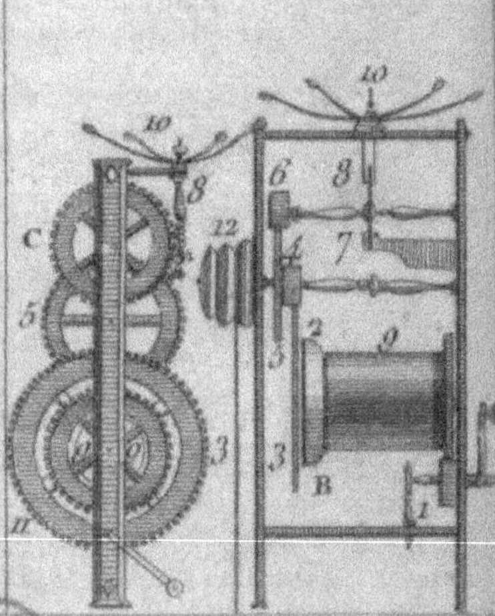

Le Tourne broche.

ART DE RÉCOLTER L'HUILE.

L'HUILE la plus parfaite est celle qui se tire, par expression, des fruits de l'olivier. Les préparatifs s'en réduisent au travail de la meule, sous laquelle on brise les olives à l'entrée de l'hiver, à celui du pressoir qui en exprime l'huile pure, et à quelques précautions de gouvernement.

La figure du pressoir à huile donnera une idée de cette récolte.

On commence par nettoyer et trier les olives ; on les brise dans une auge circulaire, sous une meule posée perpendiculairement, et attachée par son essieu à un arbre tournant. Cette auge, semblable à celle où l'on brise les pommes pour les porter ensuite au pressoir à cidre, se nomme la marre. Un garçon, qu'on nomme le *diablotin*, suit le travail du moulin, et, la pelle en main, amène les olives sous le passage de la meule, ce qu'on appelle *paître la meule*. Quand elles sont en pâte, un ouvrier prend un scoufin, dont il tient l'ouverture inférieure fermée en la soutenant du creux de sa main droite ; de la gauche il l'emplit de pâte d'olives , et va poser le scoufin sur le milieu de la maye. Il en apporte un second , et en empile ainsi jusqu'à six et sept l'un sur l'autre. Le rond et le sépeau mis dessus , quatre hommes empoignent la barre passée dans le mamellon , et abaissent la bancelle jusqu'à ce que tout soit exprimé : voilà l'huile vierge.

L'huile commune est celle dont on augmente la quantité en employant l'eau chaude, et en la versant sur tous les scoufins. Le seau qui se remplit de ce qui en provient, est porté

dans un cuvier , où , au bout de trois
ou quatre heures, l'huile surnage,, et
est recueillie avec une feuille de fer
blanc en forme de cuillère. Si le froid
l'empêche de monter , on en aide l'action avec quelques baquets d'eau
bouillante. Les résidus de ces cuviers
s'écoulent dans un souterrain qu'on
nomme l'enfer. On en prévient la
putréfaction par des visites réglées.
Ce qu'on en tire est de l'huile d'enfer,
c'est-à-dire , de l'huile inférieure.

ART DU VINAIGRIER.

On appelle *vinaigrier* celui qui fait ou vend du vinaigre. Vous devez savoir, mes enfans, que le vinaigre est le produit de la fermentation acide. C'est le second terme ou le second genre de fermentation par où passent toutes les liqueurs qui sont susceptibles de fermenter.

Le vinaigre est d'une utilité journalière dans l'apprêt de nos alimens. Il sert pour les salades, et s'emploie à beaucoup d'autres choses.

On fait du vinaigre avec du vin, du cidre, de la bière, et généralement avec tous les sucs de végétaux qui ont subi d'abord la fermentation spiritueuse. Le petit lait est pareillement propre à faire du vinaigre. Un

chimiste célèbre a remarqué que cette
liqueur passe d'abord à fermentation
spiritueuse, et produit un vin passa-
ble. Plusieurs peuples font même encore usage de cette boisson. Le vin de
petit lait est susceptible de passer à
la fermentation acide, et de produire
un fort bon vinaigre ; mais de tous les
vinaigres, le plus estimé est cependant celui que produit le vin ordinaire.

La plupart des vinaigriers de Paris,
préparent très-bien leur vinaigre, et
le font d'une meilleure qualité que
celui qu'on fait à Orléans, lequel
jouit aussi d'une certaine réputation.
On reproche cependant aux vinaigriers
de Paris, de préparer leur vinaigre
avec des lies de vin. Mais si l'on exa-
mine cette matière sans prévention,
on verra que la liqueur qu'on tire de
la lie, avant de faire le vinaigre, est
pour le moins aussi bonne que les
vins gâtés qu'on emploie ordinaire-

ment. D'ailleurs, il est certain que le vinaigre qu'on prépare avec la lie, est même meilleur et plus acide que celui qui est fait avec le vin duquel on a séparé la lie.

Voici la méthode qu'on suit à Paris pour préparer le vinaigre. On ramasse la quantité qu'on veut de lie de bon vin ; on la met dans une cuve de bois ; on la délaie avec une suffisante quantité de vin , et on introduit ce mélange dans des sacs de toile très-forte. On arrange ces sacs dans un très-grand baquet de bois très-fort, dont le bois fait fonction de la partie inférieure d'une presse. On pose des planches par dessus les sacs : on fait agir la vis d'une bonne presse , et on la serre de temps en temps pour faire sortir le vin que la lie contient. Cette opération dure ordinairement huit jours. On met ce vin dans des tonneaux qu'on place verticalement sur leur fond , et on

pratique à la partie supérieure un trou
d'environ deux pouces de diamètre,
qu'on laisse toujours ouvert, afin que
la liqueur ait communication avec
l'air extérieur. Le vinaigre est ordinairement quinze jours à se faire pendant les chaleurs de l'été. Mais lorsqu'on le prépare en hiver, il faut
un mois. On est même obbligé de
mettre des poêles pour accélérer, par
la chaleur artificielle, le mouvement
de la fermentation acide. Lorsque la
liqueur est parvenue à un certain degré de fermentation, elle s'échauffe
beaucoup, et quelquefois si consi-
dérablement qu'à peine on y peut
tenir les mains. Dans ce cas on arrête
le progrès de la fermentation, en ra-
fraîchissant la liqueur par l'addition
d'une certaine quantité de vin. On la
laisse fermenter de nouveau jusqu'à ce
que le vinaigre soit suffisamment fait.
Alors on met ce vinaigre dans des ton-

neaux, au fond desquels il y a une bonne quantité de copeaux de bois de hêtre. Les vinaigriers emploient à cet usage, autant qu'il leur est possible, les rapés qui ont servi aux marchands de vin. On le laisse s'éclaircir sur ces rapés, où il reste environ quinze jours ; on le tire ensuite au clair, et on le conserve dans de grands tonneaux.

Nous avons dit que lorsque le vinaigre est fait, on le tire au clair pour le séparer de sa lie. Les vinaigriers mettent toutes ces lies de vinaigre à part ; il les expriment pour en séparer ce qui peut y rester du vinaigre, et le marc se vend aux imprimeurs pour faire leur encre.

Le vinaigre blanc se fait comme le rouge ; mais le marc qui reste dans les sacs après l'expression, n'est point propre aux chapeliers ; il ne sert que pour l'encre des imprimeurs. Les marcs

de l'une et de l'autre lie, se nomment *gravelle*, et fournissent après
leur combustion à l'air libre une cendre qu'on nomme *cendre gravelée*,
matière saline, de la même nature
que la potasse , et qu'on emploie
comme elle dans une infinité d'arts.

Quelques vinaigriers mêlent avec la
lie de vin , des lies de bière et de cidre ; mais le vinaigre qui en provient
n'est jamais aussi parfait que celui
qui est fait avec des lies de vin pures.

Les vinaigriers font aussi , concur-
remment avec les pharmaciens , différens *vinaigres composés* : 1° en
faisant infuser dans du vinaigre ordinaire des substances végétales, telles
que les fleurs de sureau , les fenilles
d'estragon, les roses, les framboises ,
l'ail, etc. Ces espèces de vinaigre s'emploient dans les alimens ; 2° ils préparent par la distillation des *vinaigres aromatiques* qui servent pour la

toilette ; tels sont les vinaigres à la lavande, le vinaigre à la bergamote, au citron, au cedrat, au thym, au romarin, etc.

La préparation de ces vinaigres consiste à mettre dans un alambic de grès ou de verre, du vinaigre avec une ou plusieurs de ces substances, suivant qu'on le juge à propos, et à distiller le mélange au bain marie. On peut par ce moyen se procurer les différentes espèces de vinaigres aromatiques qu'on désire.

La *moutarde*, telle qu'on l'emploie dans les alimens, est aussi du ressort des vinaigriers. Pour la préparer, ils mettent dans un vase convenable la semence de moutarde, qui est la graine d'une plante qui porte le même nom. Ils humectent cette semence avec une certaine quantité de vinaigre, et ils la laissent macérer pendant vingt-quatre heures. Au bout de ce temps , ils broient cette graine entre deux meules de pierre meulière, pour la réduire en pâte, et en la broyant ils ajoutent encore un peu de vinaigre, pour lui donner la consistance qu'elle doit avoir. Cela forme ce que l'on nomme *grosse moutarde*. Pour faire la *moutarde fine*, il ne s'agit que de la repasser entre les deux meules pour la broyer une seconde fois.

ART DU CUISINIER.

L'ART de préparer nos alimens d'une manière convenable et propre à flatter le goût, est comme tous les autres arts le fruit d'une longue expérience.

La nature nous en a donné les premières leçons ; c'est elle qui nous a fait discerner d'abord les nourritures que nous pouvons prendre crues, d'avec celles dont nous sommes obligés de ramollir et d'ébranler toutes les parties par la cuisson, pour faciliter d'autant le travail de l'estomac sur elles, et la secrétion des sucs nutritifs qu'il en faut extraire.

C'est à l'expérience que nous devons la connaissance des divers degrés de force ou de durée qu'il convient de donner au feu dans la cuisson de toutes les nourritures. Nous n'avons à consulter à cet égard que le sentiment expérimental du point en deçà duquel les sucs bienfaisans ne sont pas encore désunis, et au-delà duquel ils sont dissipés par le feu, et irréparablement perdus pour nous.

Quand nous présentons nos divers alimens à l'action du feu, si on les y expose à nu, et immédiatement, les dehors s'endurcissent en forme de croûte ou se raccornissent en manière de parchemin, selon la nature des tissus. L'effet de cette enveloppe est de retenir quelque peu les sucs nutritifs que le feu commence à déloger ou à mettre en désunion ; mais comme cette croûte n'augmente que par la destruction de ce qu'on cuit, et qu'elle s'ouvre de toute part en se charbonnant à proportion de la durée ou de l'activité du feu, on s'est rendu maître de cet élément en le bridant par l'interposition, tantôt de l'eau, tantôt de l'huile, ou de l'huile et de l'eau ensemble, et l'on varie l'emploi de ces fluides selon la nature des viandes qu'on y veut cuire, ou selon l'espèce des sucs que l'on en veut tirer.

Quelquefois nous ne prétendons obtenir qu'un esprit volatil, délicat, que nous faisons passer d'une plante aromatique dans l'eau chaude, à l'aide du plus petit bouillon. Prolongez-vous, doublez-vous ce premier degré

9*

de chaleur , vous ne tenez plus rien ,
et l'esprit est déjà bien loin. C'est
ainsi qu'une main novice s'attire des
reproches d'avoir servi , sur la table de
sa maîtresse , une compotte manquée ,
ou un ragoût d'une saveur amère. Elle
prend la résolution de mieux réussir
une autre fois ; et, pour n'y faire faute ,
elle pousse au bouillon le plus vif la
canelle , le basilic , le clou ou la
muscade. Quelle est sa surprise de
trouver qu'au lieu de mettre plus
d'agrément dans ce qu'elle avait à
cœur , elle a augmenté l'amertume et
les plaintes ! Elle se corrige enfin sur
l'exemple d'un cuisinier intelligent,
qui ne distribue ses aromates que sur
les derniers momens de la cuisson.

C'est par une suite de la même ob-
servation , qu'une légère infusion de
thé conserve cette odeur de violette
qui réjouit la tête , et qu'une aussi
légère infusion d'aurone ou de baume

violet réjouit la bouche et l'estomac ; au lieu que ces liqueurs , poussées à un nouveau bouillon , perdent leurs esprits , et se chargent d'une teinture âcre , étrangère à nos besoins , et peu amie des entrailles.

Si l'eau est un frein utile pour guider prudemment l'activité du feu , on tire des secours fort supérieurs de l'huile , et de toutes les matières onctueuses dont on enveloppe ce qu'on veut cuire. Toutes les mains qui se mêlent de cuire les viandes , soit en les rôtissant , soit en les mettant en ragoût , ont coutume , sans en savoir la raison , de les piquer de lard par dehors , ou de les en traverser de loin à loin par dedans , ou de les arroser de sucs huileux et bien fondus , ou de les y plonger d'abord en commençant par les faire passer au poêlon , ou de le cuire totalement à la simple friture , ou enfin d'envelopper les plus

belles pièces de viande de tranches de
lard ou de papier huilé , pour les cuire
à la broche ou autrement. L'intention
de nos cuisiniers dans ces opérations
est de donner , disent-ils , du goût
aux herbes, aux racines et aux viandes
qu'ils apprêtent , ou de faire prendre
à celles-ci une couleur égale. Ils en
diversifient sans doute la couleur et
la saveur par la diversité des méthodes ;
mais le fruit principal et l'effet universel de ces enveloppes onctueuses qui
ne ferment point l'entrée au feu , est
d'emprisonner et d'arrêter les meilleurs sucs , tant les volatils que les
nutritifs qui se trouvent dans les légumes ou dans les chairs des animaux ;
c'est d'y facilliter l'ébranlement des
sucs sans en permettre la sortie ; c'est
bien moins d'y mettre une saveur
étrangère, que de bien conserver celle
que la nature y a mise.

Tant que l'art du confiseur et celui du

cuisinier ne tendent qu'à donner une enveloppe à l'esprit d'un aromate, au jus d'un fruit, ou au suc d'une viande, pour n'en rien laisser perdre, ils nous mettent en main les présens mêmes du Créateur, presque dans leur simplicité, et nous en pouvons user avec confiance comme avec sobriété. Mais il y a un art séducteur qui se mêle de faire des composés de différentes matières dont il ne connaît pas le fond, et qui masque des principes mal assortis, sous l'amorce d'une saveur agréable, en l'y rendant dominante, mais qui porte ensuite le trouble et le ravage dans nos corps.

Ce désordre, qui vient presque infailliblement à la suite des ragoûts recherchés trop composés, peut être également occasionné par les ragoûts les plus simples, quand le nombre en est trop multiplié. Les droits de la simplicité sont les mêmes partout. On se trouve bien de la respecter dans l'éloquence, dans la peinture, dans la musique, dans les meubles et dans les parures. Les insultes qu'elle reçoit dans les beaux-arts sont tôt ou tard suivies du ridicule; mais celles qu'on lui fait dans l'usage des nourritures sont punies par des maux réels.

Je ne puis mieux, mes enfans, terminer cet article sur *l'art du cuisinier*, qu'en vous faisant connaître le mécanisme du *tourne-broche à poids* et du *tourne-broche à fumée*.

PLANCHE 1. Le *tourne-broche à poids*.

A Le tourne-broche en place avec son poids mis à l'écart par deux poulies de renvoi.

B Le tourne-broche vu de profil.

1. La clef pour le remonter.

2. La petite roue dont toutes les dents foulent un ressort qui obéit et

les laisse passer dans le sens contraire à la chute du poids, mais qui les arrête de l'autre.

3. La grande roue.

4. Le pignon de la seconde roue.

5. La seconde roue, dont l'arbre porte la noix.

6. Le pignon de la roue de rencontre.

7. La roue de rencontre, qui enfile les pas de la vis.

8. La vis sans fin.

9. Le tambour d'où la corde du poids se déroule.

10. Le volant, qui étant emporté par le cylindre de la vis, sert à proportion de la longueur de ses bras, et des marcs de plomb ou des ailes qui le terminent, à modérer l'échappement des premières roues, et à retarder la chute du poids.

11. Le poids.

12. La noix avec sa corde qui com-

munique le mouvement à l'autre noix de la broche.

Le rapport des tours du volant à ceux du tambour est facile à trouver. Si la première roue qui emporte le tambour et laisse filer ou échapper la corde qui tient au poids, porte soixante dents, et engraine dans un pignon de dix, elle fera un tour pendant que la seconde roue avec son pignon en fera six ; puisque les dix dents du pignon engrainent six fois pour parcourir les soixante.

Si la seconde roue a cinquante dents, et engraine dans un pignon de cinq, la roue de rencontre fera dix tours contre un de la seconde, puisqu'il faut dix fois cinq pour épuiser cinquante.

Mais la seconde fait six tours contre un du tambour ; donc la roue de rencontre fera six fois dix tours, ou soixante contre un du tambour. Si la

roue de rencontre a cinquante dents ,
chaque dent parcourt un pas de la vis.
Or chaque pas de la vis emporte une
révolution du cylindre , et un tour du
volant. Ce sont donc cinquante tours
du volant , contre un de la roue de
rencontre , et cinquante fois soixante ,
ou trois cents contre un du tambour.

Celui-ci peut avoir quatre pouces
de diamètre , et dévider un pied de
corde par tour. Si la chute du poids
est de douze pieds , douze révolutions
du tambour en feront faire trente-six
mille au volant. Les tours de la broche sont comme ceux de la seconde
roue qui la mène par son essieu. Mais
la seconde fait six tours contre un
du tambour. Donc la broche tourne
soixante-douze fois , pendant que le
tambour fait douze révolutions et le
volant trente-six mille.

PLANCHE 2. Le *tourne-broche à fumée.*

A Coupe du devant d'une cheminée, où le tourne-broche à fumée est en place. La flamme rend la fumée agissante. Celle-ci pousse les feuilles ou les lames du volant, qu'elle trouve toutes également inclinées sur son passage. Elle ne peut s'échapper qu'en les entraînant. Toutes les feuilles du volant reculent du même sens, et font marcher l'essieu qui les assemble: Celui ci fait tourner une lanterne, dont les fuseaux emmènent les dents d'un rouet. L'essieu du rouet porte une noix, qui avec sa corde ou sa chaîne, produit l'effet du tourne-broche ordinaire.

B Coupe du travers de la cheminée, montrant la barre qui porte l'essieu du volant. Le volant vu de profil, et le rouet vu de face.

Le Tourne broche à fumée.

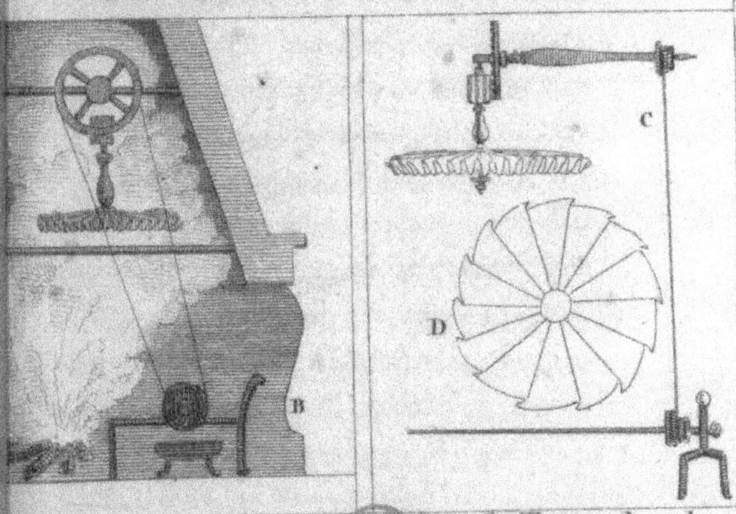

Le Tourne broche à fumée
vu de profil.

Pièces du Tourne broche
à fumée.

c Le volant et le rouet de profil.
d Le volant vu de face.

ART DU SAUNIER.

Nous faisons , mes enfans , un si grand usage du sel dans la plupart de nos alimens , que vous ne lirez pas sans interêt ce que j'ai à vous dire de l'*art du saunier*.

Le *saunier* est celui dont la profession est de fabriquer ou de préparer des sels ; mais on donne plus particulièrement ce nom à l'ouvrier qui fabrique le *sel marin* , nommé aussi *sel commun* , ou *sel de cuisine*.

Le *sel marin* se tire de l'eau de la mer , des sources salées , des ruisseaux d'eau salée , des puits salans , etc.

Toutes ces eaux contiennent , outre le sel marin , une petite quantité de terre qui n'est dissoute qu'à la faveur de son extrême division du sel marin à base terreuse, du sel de Glauber, et quelquefois du tartre vitriolé; mais toutes ces matières sont en moindre quantité que le sel marin. Tout l'art du saunier consiste à séparer ces sels étrangers qui altèrent la pureté du sel marin, et qui le rendraient de mauvaise qualité dans l'usage des alimens. On se sert avantageusement de la propriété qu'ont ces sels de se crystalliser les uns avant les autres, et de former des crystaux différens.

En Franche-Comté il y a plusieurs sources salées, dont les eaux sont employées à la fabrication du sel : une des plus considérables est dans la ville de *Salins*, qui en a tiré son nom. La Lorraine renferme aussi plusieurs salines, dont les principales sont Château-Salins, Rosières, Dieuse et Moyenvic. Dans toutes les salines de

ces deux provinces on extrait le sel
par l'évaporation des eaux qui le contiennent, et par des procédés qui em-
ployaient une grande quantité de bois
avant la découverte des *bâtimens de
graduation.*

Dans ces bâtimens, l'économie du
combustible a été poussée si loin, que
sept mille tonneaux de sel, du poids
de six cent cinquante livres chacun,
qui auparavant emportaient une consommation de trente-deux mille cordes de bois, s'obtiennent aujourd'hui
avec cinq mille. Le *bâtiment de graduation*, dont on ne connaît point
l'inventeur, et dont le plus ancien
modèle se trouve à la saline de Soultz,
en Alsace, sur le chemin de Stras-
bourg à Mayence, consiste en une
halle toute à jour, de vingt à vingt-cinq
pieds, depuis la cuve d'eau salée jusqu'à la sablière, et partagée selon la
salure forte ou faible de cette eau en

un nombre plus ou moins grand de
divisions ou de travées , qui sont les
espaces d'une poutre à l'autre. Chaque
travée est remplie en entier, et jusqu'en haut, de grandes masses de fascines. L'eau tirée des puits salans, et
amenée dans une cuve au pied de la
halle , est élevée par des pompes au
haut de la première travée , où elle est
distribuée dans des augets de quatre
à cinq pouces de large , et d'une pa-
reille profondeur : ils sont disposés
selon la longueur du bâtiment, et
percés de six pouces en six pouces par
de petits robinets qui distillent cette
eau sur le tas de fascines , et ne l'y
laissent échapper que par gouttes.
Cette eau , tourmentée et incisée à
l'infini au travers de tous ces menus
branchages , y acquiert , pour ainsi
dire, la ténuité de l'évaporation. L'ouvrage s'expédie encore mieux quand
un vent gaillard se met de la partie ,

et emporte une grande partie de ces eaux divisées en passant obliquement à travers les fascines. Les parties qui demeurent unies au sel en suivent le poids, et se précipitent par cascades, et de brin à brin, jusqu'au bassin destiné à les recevoir. On les relève avec d'autres pompes dans les augets et dans les fascines de la seconde travée, où elles acquièrent une plus forte salure par une nouvelle dissipation de l'eau douce : elles passent ainsi, selon le besoin, jusqu'à une sixième et une septième division. Par ce moyen, sans dépense, et dans trois jours de bonne saison, une livre d'eau salée qui, au sortir du puits, contiendra un degré quelconque de salure, par exemple le poids d'un gros, en peut, acquérir vingt ou même trente fois autant en arrivant dans le bassin de la septième travée, et rendre à la crystallisation, qui s'opère enfin par le feu , le poids de quatre onces de sel.

Dans certains lieux on prépare le sel sans feu dans des *marais salans* : l'on appelle marais salans des terres basses et marécageuses que la nature a rendues propres par leur situation à recevoir les eaux de la mer lorsque la marée monte, et que l'industrie a mises en état de la retenir par des écluses qu'on y fait.

Ces marais, dont on unit et dont on bat le fond avec propreté , se partagent en plusieurs bassins , les uns plus grands, les autres plus petits , séparés par des espèces de petites digues de treize à quatorze pouces de large. C'est dans ces bassins que , lorsque la saison est venue , on laisse entrer l'eau de la mer dont on fait le sel , et on l'y retient ensuite en fermant les écluses.

Le temps propre à faire le sel est d'environ depuis la mi-mai, jusqu'à la fin du mois d'août, parce qu'alors les jours étant longs, et l'ardeur du soleil dans sa plus grande force, le sel se fait mieux et plus promptement.

Quand on veut donner l'eau de la mer aux marais, il faut auparavant les vider entièrement de celle qu'on y a laissée tout l'hiver, pour qu'ils ne se gercent point, et qu'ils soient en état de contenir la nouvelle eau qui doit servir à la fabrication du sel. On y laisse entrer cette nouvelle eau à peu près à la hauteur de six pouces, après néanmoins l'avoir laissée reposer et s'échauffer pendant deux ou trois jours dans de grands réservoirs qui sont au-dessus des salines. La quantité d'eau suffisante y étant entrée, on ferme l'écluse, et on laisse faire par le soleil et par le vent le reste de l'ouvrage.

L'eau frappée à plomb par les rayons du soleil s'évapore, et la partie saline s'épaissit par degrés insensibles ; ensuite elle se couvre d'une légère croûte ; et enfin continuant à s'évaporer par la continuation de la chaleur, la croûte saline s'augmente de plus en plus, et prend de la consistance.

Lorsque le sel a reçu cette cuisson naturelle, on le casse avec un rateau, composé d'une perche, au bout de laquelle est adaptée une douve. Il tombe au fond de l'eau, mais on l'en retire presque aussitôt avec le même rateau ; et l'ayant laissé quelque temps en petits tas sur les bords du marais pour achever de le sécher, on le met ensuite en monceaux plus grands qui contiennent plusieurs milliers de muids de sel. On couvre ces monceaux ou de paille ou de son pour les garantir de la pluie. Huit ou dix jours, ou au plus quinze, suffisent pour achever la crystallisation du sel. Après qu'on l'a retiré et mis en monceaux, on ouvre de nouveau les réservoirs pour les remplir d'eau à la marée montante, et l'on continue ainsi alternativement à y mettre de l'eau, à en ramasser le sel qui s'y forme, et à les vider jusqu'à ce que la saison ne soit plus propre à ce travail.

Les pluies sont contraires à cet ouvrage : lorsque l'eau de pluie s'est mêlée avec trop d'abondance à celle de la mer, celle-ci devient inutile, et il faut en faire entrer de nouvelle dans les marais. C'est la sécheresse qui assure cette espèce de récolte ; elle ne réussit que dans les beaux jours, et pendant les plus grandes ardeurs du soleil.

Outre le sel marin tiré des différentes manières dont j'ai parlé, on en trouve encore de très-bon dans le sein de la terre, en masses de grosseur considérable ; c'est celui qu'on nomme *sel fossile* ou *sel gemme*. Ce sel ne présente aucune figure crystalline : il est comme une masse de glace, et demi-transparent. Après avoir tiré de la mine ces masses salines, on les brise en plusieurs morceaux, que l'on fait ensuite passer au moulin, pour les réduire en une espèce de grosse farine dont on se sert dans les alimens, comme de celui qui est fabriqué par les procédés dont je vous ai donné une légère description.

Le Saunier.

Le Chaircuitier

ART DU CHAIRCUITIER.

QuoIQUE l'art de conserver les viandes par le moyen du sel et des épices soit d'une grande simplicité, gardonsnous, mes enfans, de le regarder avec dédain. Son utilité lui sert de recommandation auprès de nous.

On n'oubliera jamais qu'un grand prince (Charles-Quint) fit éleverune statue à G. Bukel, pour avoir trouvé le secret de préparer et d'encaquer les harengs salés. C'est un motif pour nous, de ne pas dédaigner d'arrêter un moment les yeux sur tout art qui est d'une utilité reconnue.

Un *chaircuitier*, comme le nom le fait assez entendre, est un marchand de chair cuite. On donne ce nom à ceux qui apprêtent la chair de pourceau , et la débitent , soit crue , soit cuite , soit apprêtée en cervelas , saucisse ou autrement. Ce sont aussi les chaircuitiers qui préparent et vendent les langues fourrées , tant celles de porc , que celles de bœuf, de veau et de mouton.

Pour fourrer une langue , le chaircuitier commence par la *refaire* , c'est-à-dire par en affermir la chair en la faisant bouillir dans de l'eau pendant un quart-d'heure , après quoi il lui enlève avec un couteau sa première peau. Quand elle a été pelée, il la lave dans de l'eau fraîche ; il la laisse bien égoutter ; et ensuite il la met dans un pot de grès , après l'avoir saupoudrée de sel. Quand on s'apeçoit que le sel qu'on y a mis est fondu , on y en remet de nouveau. On laisse une langue de bœuf dans le sel pendant environ quinze jours.

Quand on suppose que la langue est suffisamment salée, on la retire du sel, on y met des fines herbes, et on la renferme dans un boyau de bœuf proportionné à sa grosseur; après quoi on la pend dans la cheminée, où on la laisse plus ou moins de temps, suivant qu'on y allume du feu plus ou moins fréquemment. La fumée sert à lui donner une saveur particulière, et à la conserver plus longtemps. Enfin on la fait cuire, quand on le juge à propos, dans de l'eau salée, ou dans le bouillon ordinaire où les chaircuitiers font cuire toutes leurs viandes.

Les chaircuitiers font de deux sortes de saucisses, les unes rondes, les autres plates. La chair des rondes est renfermée dans un boyau de mouton et celle des plates dans des morceaux de crépine de porc. Le chaircuitier emploie pour les saucisses plates, moitié chair de porc, et moitié chair

de veau : quant aux rondes, il n'y
entre que de celle de porc.

Pour faire les saucisses, on commence par hacher la viande sur une
forte table destinée à cet usage, avec
deux grands couteaux. Quand elle est
à moitié hachée, on y met l'assaison-
nement nécessaire, comme sel, muscade, poivre, persil, et on achève
ensuite de hacher tout-à-fait la viande.
Quand elle est suffisamment hachée,
on en emplit le boyau, par le moyen
du *cornet*, qui est une espèce d'en-
tonnoir de fer blanc. Quand le boyau
est rempli de cette viande hachée, on
le tortille de distance en distance,
pour déterminer la longueur de la
saucisse, et on le coupe, si l'on veut, à
tous les endroits où il a été tortillé.
Quant aux saucisses plates, on fait avec
la viande hachée, autant de tas qu'on
veut former de saucisses, et après les
avoir applaties avec la main, on les

Le Confiseur.

L'Art de faire le Sucre.

enveloppe dans des morceaux de crépine de porc.

ART DU CONFISEUR.

Voici pour de jeunes lecteurs l'art
par excellence, l'art de faire les *sirops*, les *gelées*, les *marmelades*, les
confitures sèches, les *dragées*, les *pastilles*, les *pralines* et les *bonbons* de
toute espèce. Il est possible que l'article que je vais lui consacrer soit un
de ceux qui seront lus avec le plus
d'empressement. Je me hâte, mes
chers amis, d'entrer en matière, pour
ne pas faire languir votre impatience.

Le *confiseur* est celui qui fait et
qui vend des confitures et des sirops
faits pour l'agrément.

Les confitures sont de deux espècès , savoir , liquides et solides. Les unes et les autres sont faites pour rendre certaines substances que l'on confit , plus agréables au goût , et pour les conserver plus longtemps.

Entrez avec moi dans le magasin d'un confiseur. Voyez-vous ces *gelées*, ces confitures liquides que l'on nomme aussi *marmelades* , ces *confitures sèches* faites avec des substances réduites en poudre ou en pulpes , et enfin ces fruits entiers confits dans le sucre ?

Un petit mot sur ces différentes friandises.

Les *gelées* sont des préparations qu'on fait avec du sucre et des sucs mucilagineux de fruits qui prennent en refroidissant une consistance de colle.

Tous les sucs de fruits ne sont pas propres à former des gelées. Il faut qu'ils soient un peu mucilagineux , comme sont ceux de poires , de pom-

mes, de verjus, de coings, de groseilles, d'abricots, d'oranges, etc.

Pour faire de la *gelée de groseilles,*
on met dans une bassine quinze livres
de groseilles égrenées, et douze livres
de sucre concassé : on place le vaisseau sur le feu. A mesure que les groseilles rendent leur suc, le sucre se
dissout. On remue dans les commencemens avec une écumoire, afin que
la matière ne s'attache pas au fond du
vaisseau. On fait bouillir ce mélange
à petit feu, jusqu'à ce qu'il y ait environ un quart de l'humidité d'éva-
poré, ou qu'en mettant refroidir un
peu de la liqueur sur une assiette,
elle se fige et prenne l'apparence d'une
colle. Alors on passe la liqueur au
travers d'un tamis, sans exprimer le
marc ; on verse dans des pots la liqueur tandis qu'elle est chaude ; et
lorsque la gelée est prise et refroidie,
on couvre les pots avec soin.

On prépare la *gelée de cerises* de la même manière , ainsi que toutes les gelées des fruits mucilagineux qui rendent leur suc aussi facilement que ceux dont je viens de parler.

On fait des *confitures sèches* de tant de fruits , qu'il serait assez difficile de les pouvoir détailler toutes. Les plus usitées sont les écorces de citrons et d'oranges , les prunes , les poires , les cerises , les abricots , les amandes et les noix.

On prépare en confitures sèches les fruits entiers ou seulement coupés par morceaux , les racines ou certaines tiges et certaines écorces. Ces substances doivent être tellement pénétrées par le sucre , qu'elles soient sèches et presque friables. On n'observe aucune proportion de sucre sur celle des ingrédiens : il suffit de les priver de toute leur humidité par le moyen du sucre , cuit sous forme de sirop.

Les *dragées*, les *pastilles*, les *figures en sucre*, sont encore l'ouvrage des confiseurs. On met en dragées de l'épine vinette, des framboises, de la graine de melon, des pistaches, des avelines, des amandes de plusieurs sortes, des amandes pelées dont la peau a été ôtée à l'eau tiède, des amandes lissées auxquelles on a laissé la peau, des amandes d'Espagne, qui sont fort grosses et rougeâtres en dedans, etc.

Les bonnes qualités des dragées sont d'être nouvellement faites, que le sucre en soit pur, sans mélange d'amidon; qu'elles soient dures, sèches, et aussi blanches dedans que dehors; enfin que les fruits, graines et autres substances qui en font le noyau, soient récens.

Les *pastillages* sont composés de sucre en poudre et d'un peu de mucilage de *gomme adragant*, que l'on aromatise avec toutes sortes d'odeurs et dont on forme une pâte. On coupe ensuite cette pâte avec des emporte-pièces de fer-blanc, pour lui donner les différentes formes qu'on désire.

Il y a différentes espèces de *pastilles*, qui ne diffèrent entre elles que par leur forme, et que l'on fabrique avec le même procédé. Il en faut excepter les *pastilles transparentes*, qui sont composées de très-beau sucre clarifié, que l'on a fait cuire jusqu'au caramel. Lorsqu'il est à ce degré de cuisson, on le coule dans une petite poêle, ou cuiller de cuivre qui a un bec très-allongé. On le verse ensuite de distance en distance, goutte à goutte, sur une table de marbre, ou sur une plaque de cuivre, de manière à former plusieurs pastilles rondes, de la largeur d'une pièce de douze sols. Le sucre en tombant se refroidit, se fige, devient transparent et très-solide. On enlève ces pastilles de dessus le marbre, et on les porte à l'étuve.

Les pastilles sont odorées avec différentes substances, comme les fruits à écorce et les substances aromatiques sèches.

ART DE FABRIQUER LE SUCRE.

Encore un article que mes jeunes lecteurs liront, je crois, de préférence à plusieurs autres. Le sucre, dont ils sont friands, est un sel essentiel, gras, très-agréable au goût, que l'on retire par crystallisation des sucs des plantes dont la saveur est sucrée, comme de la sève de l'érable, du bouleau, du suc de betterave, du bambou ; mais principalement d'une espèce de roseau que l'on cultive aux Indes orientales et occidentales,

Il ne paraît pas que les anciens connussent le *sucre de canne*. Celui qu'ils appelaient *saccarum* était fort différent du nôtre, puisque, suivant les descriptions qui nous en restent, il était en consistance de manne ou de miel. Ce sucre, à ce que l'on pense, n'était autre chose que le suc qui découle naturellement des jets du bambou, espèce de roseau arborescent qui croît aux Indes orientales. Lorsque ses jets sont mûrs, ils s'échappe de leurs nœuds une liqueur succulente et syrupeuse qui se coagule par l'ardeur du soleil, et forme des larmes semblables à celles de la manne. Les anciens recueillaient ce sucre naturel; mais ils ignoraient l'art de tirer le suc des cannes par expression, et de le purifier ensuite comme nous faisons aujourd'hui.

On ignore dans quel temps on a commencé à cultiver ces cannes pour en tirer le sucre. *Saumaise* prétend que les Arabes avaient cet art il y a plus de huit cents ans. Quoi qu'il en soit, il est certain que le roseau qui donne le sucre croît naturellement en Amérique, comme aux Indes orientales.

Ce roseau se nomme, en français, *canne à sucre*. L'intérieur des tiges de cette plante est celluleux, et rempli d'une grande quantité de suc sucré très-agréable au goût, surtout lorsque les cannes sont à leur degré de maturité, et qu'elles ont été produites dans un terrain un peu maigre et exposé au soleil.

Comme le suc des cannes est par sa nature et par la chaleur du climat des îles Antilles, où l'on en fait la principale récolte, dans un état très-voisin de la fermentation, on a l'attention de ne couper que la quantité de cannes qu'on peut exploiter chaque jour. Ainsi, dès qu'elles sont coupées, émondées de leurs feuilles, réduites à la longueur d'environ quatre pieds, et mises en botte, on les porte au moulin afin d'en extraire le suc.

Ces moulins sont composés de trois rouleaux de bois, emboîtés solidement chacun dans un cylindre de fer de fonte, dont la surface extérieure est bien polie. Ils ont environ vingt pouces de hauteur, et presque autant de diamètre ; et ils sont placés tous trois verticalement à une ligne et demie les uns des autres.

Ces cylindres engagent et écrasent, par leur révolution, les cannes qu'on y présente. Deux nègres sont ordinairement employés à cette manœuvre. L'un engage l'extrémité des cannes entre le premier et le second cylindre ; l'autre, placé du côté opposé, en reçoit les extrémités à mesure qu'elles passent, et il les

engage entre le second et le troisième
cylindre. Cette opération se fait très-
promptement ; mais elle exige beaucoup d'attention. Il arrive quelquefois que les nègres engagent leurs
doigts avec les cannes, et leur corps
passerait en entier avec elles , entre
ces espèces de meules verticales , si
l'on n'y remédiait en arrêtant promptement le moulin , ou même en leur
coupant le bras lorsqu'il y est déjà
engagé.

Lorsque les cannes ont ainsi passé
et repassé entre les cylindres , elles
sont censées avoir rendu tout le suc
qu'elles contenaient. Ce suc est reçu
dans une espèce d'auge qui tient par
un chassis au cylindre inférieur , d'où
il s'écoule, au moyen d'un canal, dans
une grande chaudière établie dans la
sucrerie. Ce suc, nouvellement exprimé, porte le nom de *vesou* ou *vin
de canne*. Il est d'un goût très-agréa-

ble ; mais il faut en prendre modérément : il produit communément la
diarrhée, et des maladies plus graves
encore.

Lorsqu'il y a assez de *vesou* exprimé pour remplir la grande chaudière de la sucrerie, on y met, avec
ce suc, une certaine quantité d'eau
de chaux, et d'une forte lessive de
cendre : on allume alors le feu sous
la chaudière, et l'on fait chauffer cette
masse de fluide jusqu'à ce qu'elle ait
produit une grande quantité d'écumes
épaisses. Ces écumes servent à la
nourriture des animaux, et à faire
une boisson aux nègres. On verse
ensuite le vesou, déjà un peu épuré
par cette première opération, dans une
autre chaudière un peu moins grande,
et après y avoir encore versé de l'eau
de chaux et de la lessive, on le fait
bouillir plus fortement que dans la
première. On ramasse les écumes qui

paraissent à la surface, et on les dé-
pose dans une chaudière roulante
pour être clarifiées et cuites par la
suite.

Ce vesou est transmis ensuite successivement dans six chaudières différentes, où, à force de bouillir,
d'écumer et de s'évaporer, la matière se convertit d'abord en sirop,
et ensuite en une infinité de petits
crystaux.

Lorsque la masse de sirop a été
ainsi convertie en petits grains à force
de la remuer, on la verse dans des
formes semblables à celles dont on
se sert dans les raffineries d'Europe,
et sur lesquelles on fait exactement
les mêmes opérations, ou bien dans
des tonneaux défoncés d'un côté, et
posés debout sur le fond qui leur
reste, au-dessus d'une citerne, dans
laquelle le sirop qui n'est point crys-
tallisé tombe, à la faveur de deux

11*

ou trois petits trous pratiqués au fond de ces tonneaux. Comme la masse crystallisée est affaissée lorsque le sirop est écoulé, on achève de remplir les tonneaux avec du sucre de la même espèce : on y remet alors des fonds, et l'on produit cette sorte de sucre connue, dans le commerce, sous le nom de *sucre brut*, ou *moscouade*.

Le sirop que l'on a mis dans les formes produit les différentes espèces de cassonades que l'on voit dans le commerce, et dont la plupart, ainsi que le sucre brut, ont besoin d'être purifiées avant que d'être employées aux usages de la vie. C'est cette opération qu'on appelle *raffinage* : ceux qui s'adonnent à ce genre de travail s'appellent *raffineurs*. Les cassonades sont plus ou moins blanches, selon qu'elles ont été plus ou moins débarrassées de la matière grasse, ou plutôt savoneuse , que les chimistes appellent *matière extractive* , laquelle non seulement roussit les crystaux , mais les empêche encore de se former.

Les cannes ne sont pas, ainsi que je l'ai dit plus haut, les seules plantes qui produisent du sucre ; il est possible d'en obtenir du suc de *bette-rave* ; et nous avons vu , de notre temps, que le Gouvernement français, à une certaine époque , a fait des efforts inouis pour introduire , parmi nous , l'usage de cette espèce de sucre. A la vérité le triomphe du sucre de canne a été complet ; mais les efforts que l'on a tentés , d'après les expériences faites à Berlin , ne méritaient peut-être pas tout le ridicule dont certaines personnes les ont couverts.

Le *bouleau* fournit aussi du sucre ; il ne s'agit que de faire une incision au tronc de l'arbre lorsque les feuilles commencent à pousser. Il en sort une assez grande quantité d'un suc très-agréable au goût : ce suc étant épaissi en consistance de sirop, produit du véritable sucre, mais en moindre quantité que la sève de l'*érable de Canada*. Vers la fin de l'été les Canadiens font une incision au tronc de ces arbres ; ils en reçoivent la sève, et ils en font une boisson fermentée qui est très-agréable, ou du sucre, en le faisant épaissir en consistance de sirop. Deux cents livres de ce suc produisent ordinairement douze ou quinze livres d'un sucre très-agréable au goût ; mais il n'acquiert jamais la blancheur de celui qui provient des cannes. On estime qu'il s'en fait, année commune, environ quinze milliers dans le Canada. On n'a point encore tenté d'en retirer des érables de France. On a des preuves qu'ils

Le Limonadier - Cafetier.

Fabrication de Chocolat.

en fourniraient, car on trouve souvent sur les feuilles de cet arbre du sucre tout formé, qui provient de la sève qui s'est extravasée et desséchée.

ART DU LIMONADIER.

Le *limonadier* fait et vend de la *limonade*, de *l'orgeat*, du *café*, du *thé*, du *chocolat*, des *glaces*, des *bavaroises*, et toutes sortes de *ratafias* et de *liqueurs* de table.

La *limonade* est une liqueur composée d'eau, de sucre, et de jus de limon ou de citron. Pour la faire bonne, on choisit des citrons frais et bien sains, qu'on partage par le milieu, et dont on exprime le suc, en les serrant entre les mains. On étend ce suc dans une suffisante quantité d'eau, pour qu'il ne lui reste qu'une saveur légèrement aigrelette, et une agréable acidité. On passe sur-le-champ cette liqueur dans un linge très-propre, pour en séparer les pepins, et ce qui s'est détaché de la pulpe des citrons en les exprimant. Pour rendre cette liqueur plus agréable à boire, on l'édulcore avec une suffisante quantité de sucre.

On prépare à peu près comme la limonade les autres *liqueurs fraîches* qui portent le nom d'*eau de groseille, eau de fraise, eau de verjus*, etc.

On a imaginé depuis peu de faire une espèce de conserve de jus de citron, que l'on nomme *limonade sèche*, parce qu'effectivement ce sont tous les principes qui composent la limonade liquide qui se trouvent réunis sous une forme sèche.

Pour se servir de cette limonade on

met une certaine quantité de cette
conserve dans un verre d'eau, elle s'y
dissout facilement, et cela forme un
verre de limonade.

Les limonadiers ont deux différentes préparations d'*orgeat*, savoir, la
pâte et le *sirop*. La pâte se fait avec
des amandes douces qu'on écrase sur
une pierre par le moyen d'un rouleau de bois, après les avoir fait auparavant tremper dans l'eau chaude
pour les dépouiller de leur peau. On
met avec les amandes la quantité de
sucre convenable. On aromatise cette
pâte avec de l'eau de fleur d'orange,
et on la met ensuite en rouleaux.
Quand on veut prendre de l'orgeat, on
fait délayer dans de l'eau une suffisante quantité de cette pâte ; mais
l'usage du sirop d'orgeat est encore
plus commode.

Le *café* est la graine ou le fruit d'un
arbre qui croît dans les pays chauds.

Le meilleur est celui qui nous est apporté de Moka.

Pour préparer le café, le limonadier commence par le faire torréfier sur le feu dans un cylindre de tôle qu'il tourne au-dessus d'un réchaud, par le moyen d'une petite manivelle. Ensuite il le réduit en poudre dans un de ces petits moulins connus de tout le monde, et qui, à cause de leur usage, ont pris le nom de *moulins à café*. Lorsque le café est en bon état, il ne s'agit plus que de le faire infuser dans de l'eau bouillante ; et après l'avoir laissé clarifier par le repos, on le prend avec la quantité de sucre convenable.

Notre manière de faire le café ne diffère de celle des Arabes, qu'en ce que ceux-ci ne le laissent pas reposer comme nous, et qu'ils le boivent toujours sans sucre. Ils font aussi griller cette pellicule qui enveloppe le grain

du café, qui s'en détache par la torré-
faction, et que nous regardons comme
inutile. Ils la jettent dans de l'eau
bouillante, et en font une boisson
agréable qu'ils nomment *café à la
sultane.*

Quoique ce soit dans l'Arabie heu-
reuse que vienne naturellement le
meilleur café, les peuples qui habitent cette contrée n'ont commencé à
en faire usage que vers le milieu du
quinzième siècle de notre ère. Cette
boisson étant devenue insensiblement
à la mode, à cause des bons effets qui
en résultaient, chacun s'empressa de
s'y accoutumer. Les religieux ainsi
que les artisans crurent en devoir
prendre pour mieux vaquer à leurs
occupations nocturnes, et c'est ainsi
qu'elle devint générale. La *Mecque*
fut la première ville dans laquelle on
s'avisa d'établir des maisons publi-
ques, où tous les illustres fainéans du

pays se rassemblaient pour s'abreuver de café, y jouer à toutes sortes de jeux, et y entendre l'harmonie de divers instrumens.

Le principal ingrédient qui entre dans la composition du *chocolat* est le *cacao*, espèce d'amande qu'on tire du fruit du *cacaoyer*.

Le *chocolat*, dont le cacao est la base, est une espèce de pâte faite avec ce fruit legèrement torréfié, le sucre, et quelques aromates, le tout bien amalgamé, dont on fait une boisson alimentaire fort nourrissante. Cette pâte peut se conserver pendant plus de quarante ans, sans s'altérer, pourvu qu'on la tienne dans un endroit sec, car elle se camousse ou moisit dans les lieux humides, parce que le sucre qui entre dans sa composition est très-susceptible d'humidité.

Lorsqu'en 1510 les Espagnols firent la conquête du Mexique, ils y trouvèrent l'usage du chocolat établi de temps immémorial. Ayant remarqué que l'usage en était très-salubre, ils furent si jaloux de cette découverte, qu'ils en usèrent longtemps avant d'en faire part aux autres nations. Depuis qu'ils eurent publié leur secret, le chocolat est devenu d'un si grand usage dans toute l'Europe, que la vente du *cacao* forme une branche de commerce considérable entre l'Amérique et notre continent.

On fait des *glaces* à la crême, et avec le jus de plusieurs fruits, tels que fraises, groseilles, framboises, cerises, pistaches citrons, etc.

Pour faire des glaces à la crême, on commence par faire bouillir la crême, et après l'avoir laissée refroidir, on la met dans un moule ou vase de fer-blanc ou d'étain, avec une quantité de sucre proportionnée à celle de

la crême; par exemple, une demi-li-
vre de sucre sur une chopine de crême :
on écrase si l'on veut dans ce mélange
quelques massepains.

Après cette opération, on concasse
la glace qu'on mêle avec du sel commun, et on met le tout dans un seau.
Pour lors on plonge dans ce seau le
moule où est contenu le mélange ; et
on le remue continuellement sur cette
glace, au moyen d'une anse qui est
au couvercle du moule, jusqu'à ce
que la crême soit exactement gla-
cée.

Les manœuvres pour les glaces de
fruits sont à peu près les mêmes.

Les *bavaroises* sont des boissons
chaudes. Les limonadiers en font de
deux espèces. Les unes sont à l'eau,
les autres sont au lait.

Les bavaroises à l'eau se font en
délayant le sirop de capillaire dans

un verre d'eau ou dans une infusion de thé.

Les bavaroises au lait se font en délayant pareillement du sirop de capillaire dans le lait coupé avec de l'eau ou avec une infusion de thé.

FIN DU PREMIER VOLUME.

TABLE

DES MATIÈRES

CONTENUES DANS CE VOLUME.

———

FIN DE LA TABLE.